图说
果树嫁接技术

张鹏飞 编著

U0288506

化学工业出版社

·北京·

内容提要

本书是作者多年从事果树嫁接教学和实践经验的总结，主要包括果树嫁接的意义、果树的砧木、果树的接穗、嫁接工具、果树嫁接技术（包括果树嫁接后的管理）、果树嫁接的生产应用等内容，重点介绍了苹果、梨、葡萄、核桃、枣、桃、樱桃、柿等北方常见的 8 种果树的砧木和品种，以及 30 余种嫁接方法。本书以图文并茂的形式介绍果树嫁接有关的理论知识和技术措施，绘制了各种果树嫁接方法的墨线图，注重可操作性，使读者容易看懂，看完就能实践。

本书作为一本介绍果树嫁接的实用技术书籍，能够为果农育苗、高接换优等提供一些帮助，同时也适合大专院校、科研单位等相关技术人员参考。

图书在版编目（CIP）数据

图说果树嫁接技术/张鹏飞编著.—北京：化学

工业出版社，2020.7

ISBN 978-7-122-36786-0

Ⅰ.①图…　Ⅱ.①张…　Ⅲ.①果树-嫁接-图解

Ⅳ.①S660.4-64

中国版本图书馆 CIP 数据核字（2020）第 079528 号

责任编辑：张林爽　邵桂林　　　　　　　　装帧设计：关　飞

责任校对：盛　琦

出版发行：化学工业出版社（北京市东城区青年湖南街 13 号　邮政编码 100011）

印　　装：大厂聚鑫印刷有限责任公司

880mm×1230mm　1/32　印张 7　字数 156 千字

2020 年 8 月北京第 1 版第 1 次印刷

购书咨询：010-64518888　　售后服务：010-64518899

网　　址：http://www.cip.com.cn

凡购买本书，如有缺损质量问题，本社销售中心负责调换。

定　价：39.80 元　　　　　　　　　　版权所有　违者必究

前　言

嫁接古已有之，在我国约有 2300 多年的历史，成书于公元前一世纪的《氾胜之书》中有把十株瓠苗嫁接成一蔓结大瓠的方法，是嫁接技术的最早文献记载。在长期的嫁接实践中人们总结了众多的嫁接方法，据统计嫁接方法已不下一二百种。现代嫁接技术的发展，在果树生产中起到了十分重要的作用，嫁接繁殖在果树繁殖中占有举足轻重的地位，大量通过嫁接繁殖的苗木应用于生产。

嫁接育苗是果树生产中最常用的苗木繁育方法，嫁接技术是果树育苗过程中必须掌握的关键技术。近年来果树品种更新换代速度加快，高接换优技术在品种更新过程中的作用十分突出，同时充分利用野生资源嫁接优良品种，提高野生资源的利用效益，如利用野生的酸枣嫁接大枣、野生山桃嫁接扁桃等是边远山区农民增收、脱贫致富的有效途径，因此需要尽快让更多的人掌握嫁接技术，广泛应用到生产实践中。

所谓"会者不难，难者不会"，如何让一个零基础的人尽快掌握嫁接技术并能够独立完成嫁接操作，是笔者一直在思考的问题，因此笔者在编写此书的过程中把读者想象成从未搞过嫁接的新手，特别是涉及如何操作的时候，力求将嫁接技术介绍得详细一些，希望读者看了书中的描述就能动手嫁接操作。作为一门技术，常常是"师傅领进门，修行靠个人"，需要通过不断地实践才能总结出好的经验来，每个嫁接高手都有自己的独门秘笈，有些操作并没有完全按标准来，但是做起来很顺手，嫁接速度快，成活率很高。

嫁接技术是从生产中来的，也是服务于生产的，理论来源于实践，理论也要指导实践，在嫁接前应当有一定的果树修剪的基础知识，对果树的种类、品种、枝芽特性以及基本的修剪方法、修剪反应等有一定的了解，能够正确识别接芽，对嫁接工具有一定的了解，对嫁接的原理和技术要点要进行专门的学习。掌握基本原理后可以针对不同的情况，总结出不同的嫁接方法。我们常说"科学技术是第一生产力"，由于工作关系笔者经常下乡面向生产第一线的果农，感到我们的科学技术在生产中的应用还存在一定的差距，凡是掌握了先进科学技术的果农，均能从种植果树中获得较高的经济效益，而一些农户虽然种了果树，但是技术掌握贯彻不到位，导致经济效益低下。科学技术只有与生产相结合，才能发挥其生产力的作用，没有生产实践的科学技术是空谈，没有科学技术的生产实践是蛮干。

从 1997 年至今，笔者从事果树专业学习和工作已经有 20 多年了。在 2013 年出版了第一本专著《枣树整形修剪与优质丰产栽培》，2015 年出版了《图说苹果周年修剪技术》和《图说核桃周年修剪与管理》，直到现在编写了《图说果树嫁接技术》，是对多年学习和工作的总结。在此感谢母校山西农业大学对我的教育和培养，感谢化学工业出版社多年来对我的支持。同时也万分感谢段良骅先生，以耄耋之龄为我绘制所有的插图，逐字逐句地审阅书稿，提出了不少修改意见。山西农业大学温鹏飞、刘亚令、牛铁泉、高美英、张小军、高燕等老师以及园艺专业畅哲、李俊俊、吴天仪、王颖等同学参与了部分工作，对他们的辛苦付出表示感谢！在编写过程中参考了大量的相关专著、论文，在此对原作者表示感谢！本书的出版受到了山西省科技厅重点研发计划重点项目"山西省干鲜果功能物质强化技术研究与示范（201703D211001-04-02)"，山西省林业科技创新项目"木枣抗裂优良品种选育研究（2018LYCX3-1)"，山西省财政厅农业科技成果转化和推广示范项目"林果业高效栽培技术示范与推广（SXNKTG201815)"等资助，在此表示衷心的感谢！

编者水平所限，书中难免有不足和疏漏之处，恳请同行和广大读者批评指正。

张鹏飞

2020 年 7 月

目录

第二章　果树的砧木 / 44

第三章　果树的接穗 / 85

第四章　果树嫁接工具 / 103

第五章　果树嫁接技术 / 121

第六章　果树嫁接的生产应用 / 184

第一章

果树嫁接的意义

嫁接是将一种植物的芽或枝，组装到另一个有根系的植物上，使接合在一起的两部分长成一个完整新植物体的方法。被接上去的芽或枝叫接穗，承载接穗的部分叫砧木，由砧木和接穗愈合形成共生体，称为"砧穗"共生体，嫁接后的共生体常用"接穗/砧木"的形式表述。砧木在共生体中主要起承载的作用，吸收水分和矿质营养供应接穗生长，而接穗为砧木提供相应的同化产物，二者构成一个整体，相互促进和竞争，长成一个新的植物体。嫁接的具体方法有枝接和芽接两大类，枝接一般用一年生的枝条作接穗，芽接用当年生的芽片作接穗。用嫁接方法繁殖的苗木称为嫁接苗，嫁接繁殖属于无性繁殖的一种，是广泛应用于果树生产中的繁育苗木的方法，通过嫁接将优良母株的枝或芽嫁接到另一植株上组成新的优良的独立植株，扩繁优良品种。

第一节　果树嫁接的作用

　　果树无性繁殖的方式有扦插、分株、压条、嫁接等，通过无性繁殖能够弥补实生繁殖的缺点，可以缩短童期、提早结果，同时还能使后代与母本保持一致，使母本的优良性状能够大范围的应用，而且一些不容易产生种子的果树种类和品种只能进行无性繁殖，如无核葡萄、枣、香蕉等。嫁接是果树无性繁殖的一种主要方式。在生产中，嫁接还常常用于病伤补枝、桥接、植皮、接根、补授粉树（枝）、增强抗性、某些观赏树形的培养、矮化、缩短育种年限、无性杂交等，用途十分广泛。

　　嫁接苗由砧木和接穗两部分组成，用作嫁接繁殖的枝段和芽子称为接穗，接穗主要来自遗传性状稳定的优良品种植株，利用接穗品种稳定的优良性状，可以保持其固有的生物学特性和果实优良经济性状。承载接穗的部分称为砧木，生产中常利用砧木的乔化、矮化、抗旱、抗寒、耐涝、耐盐碱和抗病虫等特性，以增强接穗品种的适应性、抗逆性，并可调节生长势，有利扩大栽培范围和选用栽植密度。

一、果树嫁接的积极作用

　　嫁接是果树生产的重要环节之一，嫁接能够保持果树品种的优良特性，生产中许多果树的苗木都是通过嫁接来繁殖的，除此之外果树嫁接还有诸多作用，使得嫁接成为果树生产中不可或缺的技术措施，果树嫁接在生产中的作用和用途，常常表现在以下几个方面。

1. 保持果树品种的优良特性

生产中的果树品种，多数是通过杂交手段培育来的，一些品种是经由芽变或枝变产生的营养系品种，从遗传学的角度来说这些果树品种都属于高度杂合的个体，遗传背景复杂，一旦经过有性世代，即用种子繁殖的后代，会发生性状分离，产生较大的变异，无法保持该品种的优良特性，因此从生产需要的角度出发，这些杂合的品种必须通过无性繁殖的方式才能保持其优良特性，最常用的无性繁殖方法就是嫁接。通过嫁接用少量的繁殖材料即可获得大量的苗木，用一个枝段或一个芽，甚至一个茎尖均能嫁接成为一株完整的嫁接苗，具有繁殖系数高，繁殖速度快等优点，最主要的是通过嫁接繁殖获得的苗木发生变异的概率小，后代苗木的群体能够保持母本品种的优良特性，即使经过多代的繁育，这一特性也能持续保持。

2. 提早开花结果

嫁接时所采用的接穗一般选自已经开花结果的母树，阶段发育已经到达成年阶段，只要经过一段时间的营养生长即可开花结果，因此嫁接苗开花较早。同时嫁接部位的特殊结构阻滞了营养的正常运输，起到像环剥一样的作用。而通过播种繁殖苗木，树体必须经过"童期"才能开花结果，各种果树的童期长短不同，如常说的"桃三杏四梨五年"，柑橘类约七八年，银杏、荔枝、龙眼等则为十几年，同一树种不同品种的童期长短也有不同。早实型核桃从种子萌发到首次开花结实只需 1～2 年，童期很短，因此被称为"隔年核桃"或"当年核桃"，而晚实型核桃则需 8～10 年才能开花结果。童期长短又受栽培条件影响，生长在土层浅而瘠薄条件下的实生树的童期长于在较好条件生长者。

用种子繁殖的苹果树一般需要6～10年才能结果，而嫁接繁殖的苹果树3～5年即可结果，若用矮化砧或大树高接时1～3年即可结果。嫁接处理能够调节苹果叶片的激素水平，能够有效缩短童期。在进行杂交育种时，将杂交后代高接在已经开花结果的树上，能促进杂交幼苗提早结果，可早期鉴定育种材料的价值。

3.控制树体大小

矮化砧是一类很特殊的砧木，嫁接在矮化砧上的树体表现出树冠小、开花结果早等特性，适宜密植栽培，容易获得早期丰产，如 M_9、M_{26} 等苹果矮化砧木。利用矮化砧对接穗的影响，对树体高度进行控制，从而进行矮化密植栽培，是当前国内外果树发展的趋势，矮密栽培有利于提早结果、改善果实品质，经济利用土地，便于果园管理，可以取得明显的经济效益。

4.增强果树抗逆性，扩大果树栽培区域

适地适栽的果树实生砧木，有抗旱、耐涝、抗盐碱等特性。如栽植富士苹果，在苗木不能越冬的地方，将富士品种高接在当地适应性很强的砧树上，则往往可安全越冬。同时砧木还可使嫁接品种获得相应的抗病、抗虫能力，近年来针对火疫病、腐烂病、葡萄根瘤蚜等病虫害均有相应的砧木可供选择。通过选择合适的砧木来提高果树的抗逆性，可扩大果树栽培范围，使一些气候条件不太适宜栽培的区域可以栽培果树。

（1）抗病 砧木具有不同程度的抗病能力，如葡萄砧木'Riparia Gloire'和燕山葡萄（*Vitis yeshanensis* J X Chen）雌株具有较强的抗根癌病的能力，'Fercal'具有很强的抗扇叶病毒的能力，其他还有抗霜霉病、白粉病、灰霉病、卷叶病以及

葡萄黑腐病等的抗性砧木。

（2）抗虫 土壤中的害虫危害植株根部严重，可选用适当的砧木来提高其抗性，最为成功的是抗葡萄根瘤蚜砧木的选育。在欧洲，葡萄深受葡萄根瘤蚜危害，葡萄根部产生根瘤，严重影响了根系对水分的吸收而导致减产、甚至死亡，后来利用了几种美洲抗根瘤蚜的砧木，如沙地葡萄、河岸葡萄等才解决了这一问题，挽救了世界主要葡萄产区的生产。另外还有苹果 MM 系砧木抗苹果绵蚜，桃砧木中有寿星桃、甘肃桃、垂枝桃、筑波 4 号、筑波 5 号等抗根结线虫等抗虫砧木。

（3）抗寒 如利用山葡萄嫁接葡萄，使我国北方地区栽培葡萄时减少了埋土厚度，华葡 1 号、贝达等都具有很强的抗寒性能。

（4）抗旱 如山定子嫁接苹果，杜梨嫁接梨，山桃嫁接桃，山杏嫁接杏，野山楂嫁接山楂，酸枣嫁接枣等具有较好的抗旱性能。

（5）抗盐碱 珠美海棠嫁接苹果，具有较强的耐盐碱性能，为北方盐碱地区发展苹果生产开辟了新途径。

（6）耐涝 在一些容易形成涝害的地区，可以用海棠、榅桲、毛桃、欧洲酸樱桃分别做苹果、梨、桃、樱桃的砧木，可以提高其耐涝性。桃的砧木中，GF43 和 GF1869 强耐涝，毛桃、毛桃 2 号、筑波 5 号等中等耐涝，山桃不耐涝。

5. 提高果树产量

利用矮化砧的矮化效应使树体矮化，可以提高果树栽植密度，而且果树容易成花结果，虽然单株产量有所降低，但可以提高单位面积的产量。

6. 提高果实品质

砧木的作用不仅仅是吸收水分和无机盐，而且能合成各种生物碱、激素等，对地上部分有深刻影响，直接或间接影响果实品质。不同砧木对苹果果实品质影响不同，特别是对果实硬度、含糖量、单果重等影响较大，如红富士苹果嫁接到 MM_{105} 砧木上时，果实外观最好，风味最佳；嫁接到 M_7 砧木上时着色较好，但底色暗绿；嫁接在 M_{25} 砧木上时，可溶性固形物含量较低，果形略扁。果树生产上，一般要经过砧木对比试验，尽量选择能使果实品质表现良好的砧木。姜中武等（2009）研究了苹果不同品种高接'红露'对果实品质的影响，结果表明，'富士'改接的'红露'果实硬度最大，可溶性糖含量最高，而'乔纳金'改接'红露'的果实单果重最大，但硬度与可溶性糖含量最小。同时不同砧木还会对苹果的香气成分产生影响，香气成分的代谢过程可能存在砧穗互作，'富士'高接'红露'有利于提高果实香气品质。

7. 大量繁育苗木

充足的优质苗木是果树生产的必要条件，不同种类的果树都有其适宜的繁殖方式，苹果、梨、桃、核桃等许多果树适宜使用嫁接的方式进行繁育，通过嫁接能够使优良品种得以快速大量繁育，从而扩大栽培面积。

8. 培育脱毒苗

实生苗有不带病毒的特点，将脱除病毒的接穗嫁接在实生砧木上，可以培育脱毒苗，这是目前最主要的繁育脱毒苗的方法，我国在柑橘、苹果、葡萄等果树上已有应用。生产中也可利用生长点附近2毫米以内的茎尖不带病毒的特点，采用茎尖嫁接的方法生产脱毒苗木。

9. 提高坐果率

通过嫁接可保证自花授粉不结实的品种或者雌雄异株的果树授粉和结实。对于自花授粉不结实的品种，需要异花授粉，可在其上嫁接一枝适宜的授粉品种为其授粉，单一品种的果园高接授粉品种在生产中应用也极为广泛。对于雌雄异株的果树，如银杏、猕猴桃等可根据需要嫁接雄性品种或雌性品种，以提高其坐果率。

10. 高接换优

生产中对劣质品种的大树高位多头嫁接改换优良品种是十分普遍的做法，尤其在核桃、板栗等长期以实生繁殖为主的果树上应用较多。当一个新的品种出现时，也可以通过高接来改换新品种，可以较快地恢复树冠，尽快获得较高的产量。银杏等果树用作行道树时，常需要将雌株改接成雄株，以避免其果实对道路和行人的影响。充分利用野生果树砧木资源，将自然生长的核桃、板栗、酸枣、山杏、山桃、杜梨等野生砧木高接成优良品种，可就地建园，快速获得经济产量。高接的作用还有高干嫁接、保存品种等。

高干嫁接，大砧建园。利用砧木抗逆性强的特点，先栽植抗性砧木，然后在比较高的部位嫁接品种，使将来主干甚至中心干是砧木，主枝是品种。果树高接栽培比低接栽培一般提高抗寒力1~3℃，可使抗寒力弱的品种能够适应寒地气候条件安全越冬，从而扩大优良品种的适种范围。如山定子高接苹果，主干抗腐烂病能力加强，沙果高干嫁接西洋梨，主干抗干腐病。以前山西古县在栽植核桃时就采用这个办法，先在地里播种或栽植晚实核桃，待其高度达到1米以上时，再高干嫁接早实核桃，可充分利用晚实核桃的抗性。园林绿化苗常采用高干嫁接的方法，如金丝垂柳干高要达到2米，龙爪槐干高达到2~3米。

保存品种。辽宁省果树科学研究所在保存南方李品种时，低位嫁接的李品种早春抽条严重，后采用高位嫁接的方法，保持抗寒品种的枝叶量在 75％ 以上，高接品种的枝叶量小于25％，则越冬能力差的南方李品种能在辽宁熊岳正常越冬。其原因可能是抗寒砧木枝叶量占的比例大，抗寒砧木能正常落叶，养分能充分回流，使高接品种枝干的贮存营养量大大提高，从而提高其越冬能力；同时砧木枝叶量较大，高接树体内的激素水平主要受其控制，因而改变了高接品种枝内的激素状况，并使高接品种的物候期发生变化，提高了其越冬能力。

11. 救伤防衰

果树生产中，由于树形培养不当或病虫害影响，会出现主干或主枝光秃的现象，造成很大的空间浪费，此时可以用腹接的方法补枝，用根接来恢复树势，用桥接挽救枝干损伤，用高接弥补树冠残缺。一些古树名木由于生长年代久远，容易出现一些病害或枝干损伤的问题，根系老化，吸收能力减弱，使得树势衰弱，生长困难，此时可通过嫁接的方法改善古树的生长状态，提高其抗病性，恢复生长活力。用的主要方法是在古树旁边新栽一些同种的小树，然后将其与古树嫁接，用小树的根系代替古树的根系，也有用桥接的方法使新嫁接的枝条跨过损伤的部位，恢复古树养分和水分上下运输的能力，从而使古树的生长趋于正常，延长其寿命。

12. 桥接复壮

矮化中间砧苹果树大量结果后，树势衰弱，产量下降，此时可采用桥接的方法使其复壮。冬季在树体管理时选留 1～2 根根蘖，粗度在 0.5～1 厘米，其余的剪除。第二年萌芽前后，按桥接的方法将根蘖跨过中间砧段嫁接在主干上，桥接后及时抹除萌蘖上的芽，不让其长枝条。这样可使树势明显转旺，果实增大。汪克诚曾采用"桥插中间砧"的嫁接方法，将普通乔砧苹果苗变成矮化中间砧苹果苗，不仅能使树干自然弯曲，还能使盆栽苹果提早开花结果，提前进入观赏期。利用 2～3 年生的乔砧苹果苗，用 10 厘米左右的 M_9 枝条作中间砧，按照桥接的方法将 M_9 枝条接在普通苹果苗上，待矮化砧成活完全愈合后将原有苗干与接条重复的部分剪掉，使 M_9 接条成为中间砧，可抑制幼树的生长，提早开花结果。

13. 嫁接杂交

理论上说，嫁接是一种无性繁殖方式，不会改变嫁接当代及后代的遗传信息。然而事实上，不少研究者发现一些植物之间的嫁接可以诱导嫁接体的性状变异，而且这种变异可以稳定地遗传给后代。嫁接杂交就是通过嫁接技术来诱发幼龄植物产生遗传性变异，进而培育新品种的一种方法。嫁接杂交的概念由达尔文首次提出，嫁接杂交的事例多有报道，范盛尧将郁李的芽嫁接在一年生的杏砧木上，在接穗郁李的长期影响下，从杏砧木上蘖生出酷似郁李的嫁接杂种植株。赵智勇等将紫叶李接穗嫁接到 6 年生的'玉皇李'树上。开花前将紫叶李的花蕾全部疏除，以防其与'玉皇李'发生有性杂交，从嫁接有紫叶李的'玉皇李'树上收集种子并于第 2 年播种，3 年的连续观察结果表明，在萌发的幼苗中有 2.3%～15.8% 的幼苗具有明显的紫叶性状，从未嫁接紫叶李的对照'玉皇李'树上采集的种子，3 年播种均未发现紫叶变异。在自然情况下，嫁接嵌合体多是从嫁接部位愈伤组织产生的不定梢自然形成的，发生的概率很低。后来，Winkle 创造了一种人工诱发嫁接嵌合体的方法，即嫁接愈合后将接穗从嫁接部位剪除，迫使嫁接部位的愈伤组织形成不定梢，再从中选择出同时具有砧木和接穗性状的嫁接嵌合体。近年来有人采用离体培养合成法和生长调节剂处理法来提高嫁接嵌合体的诱导率。

嫁接杂交作为一种简单实用的育种方法有很大的优越性。与其他育种方法相比，嫁接杂交方法比较简单，不需要大量投资。由于不同属间和种间的嫁接亲和力比有性杂交要高，因此许多采用有性杂交不能成功的组合，采用嫁接杂交一般容易成功，这在远缘杂交育种中具有特别重要的意义。

14. 长距离信号转导研究

近年来，嫁接技术还广泛用于植物根冠通信和地上部不同器官间的长距离信号转导研究。一般认为，不同植物种类（或品种）互相嫁接后，接穗和砧木的发育分别由原来的基因型控制，从而可将植物体内长距离信号物质的转导与砧木和接穗的不同表型相联系。现在采用嫁接技术研究根瘤和块茎的形成、主茎的伸长和分枝、开花控制、气孔开关和叶片衰老等生长发育过程的长距离信号转导已取得不同程度的进展。

15. 嫁接复幼

将木本老果树的顶芽嫁接在处于幼年期的根砧上，经重复数次嫁接，即可使老树的器官再生能力、生长势等得以恢复，最终使其"返老还童"。

16. 嫁接后扦插

利用一些砧木容易生根，但品种不易生根的特性，先将品种分段嫁接在砧木枝条上，然后再将插条扦插繁殖，快速获得适宜的扦插苗。如葡萄育苗时可先在砧木插条上嫁接优良品种，在愈合箱内愈合后，再在田间扦插生根成苗。

嫁接的作用，还包括制作盆景，研究植物组织极性，研究砧木与接穗的相互影响及其亲和力，研究营养物质在果树体内的吸收、合成、转移、分配等，研究内源激素对果树生长、开花和根系生理活动的影响，进行脱毒苗检测等。

二、嫁接的不良作用

1.嫁接易传播病毒

嫁接会导致病害的传播，特别是病毒病的传播，砧木和接穗携带的病害会传递给对方，特别是一些潜伏性的病害侵染后轻则树体生长受到影响，导致树势变弱、果品品质下降，重则树体死亡，给果树生产带来极大的危害。在嫁接时只要砧木或接穗一方带病毒，嫁接后的果树体内都将有该病毒的出现，因此在嫁接育苗时要避免从带病母株上取接穗，也要淘汰有病毒的砧木。"核桃/黑核桃"嫁接时，核桃就会因被黑核桃砧木中带有的樱桃卷叶病毒感染而死亡；酸橙与甜橙嫁接后，甜橙中携带的柑橘衰退病毒则会传递给酸橙而使其患病死亡。

世界各地已发现樱桃病毒 68 种，葡萄病毒 55 种，桃病毒 41 种，苹果病毒 39 种，李病毒 32 种，草莓病毒 25 种，梨病毒 23 种，柑橘病毒 20 种，杏病毒 20 种。我国鉴定明确危害苹果的病毒有 17 种，主要有苹果锈果类病毒、苹果绿皱果病毒、苹果茎痘病毒、苹果花叶病毒、苹果茎沟病毒、苹果褪绿叶斑病毒、苹果花脸病毒等。葡萄病毒主要有卷叶病毒、茎痘病毒、栓皮病毒。柑橘病毒主要有柑橘碎叶病毒、柑橘衰退病毒、柑橘裂皮病毒、柑橘鳞皮病毒和温州蜜柑萎缩病毒。

生产中也利用嫁接可以传播病毒的特性进行病毒的检测。

2.嫁接易染嫁接衰退病

嫁接衰退病主要表现在高接换优时，也称高接衰退病，表现为高接后树势迅速衰弱，产量明显降低，果实品质下降，发病严重的在短时期内树体死亡。嫁接衰退病在苹果、柑橘上研究较多。柑橘衰退病由柑橘衰退病毒侵害引起，主要通过带毒的嫁接材料传播，也可由蚜虫传播，感染柑橘衰退病后病树生长缓慢，有的病树突然枯死，在生产中需要选择抗性砧木，如用枳、酸橘、红橘、枳橙、香橙等做砧木，嫁接脱毒品种，这样可以防止柑橘衰退病的蔓延危害。苹果嫁接衰退病主要由苹果褪绿叶斑病毒、茎痘病毒和茎沟病毒引起。在砀山酥梨上高接日韩梨、玉露香等品种表现出嫁接衰退病，改接后3～5年发病，树势逐年衰弱，果个逐年变小，病原可能是类菌质体。

3. 嫁接使果树寿命缩短

嫁接树寿命比实生树短，砧木对嫁接树的寿命有很大的影响，一般亲缘关系越远，嫁接体的寿命越短，且结果早的树往往寿命短。板栗实生树一般能活 100～200 年，用本砧嫁接板栗寿命约 100 年，用野生板栗嫁接的板栗树寿命只有几十年。苹果用山定子做砧木一般比海棠砧寿命短，用各类矮化砧寿命更短。桃的砧木中山桃砧比毛桃砧树体寿命长，杏的砧木中山杏砧比山桃砧树体寿命长。

4. 嫁接育苗周期长

嫁接育苗周期较长，成本也高，因此在生产中能用扦插繁殖的都用扦插繁殖。如果是用中间砧来育苗，育苗周期则更长。嫁接时要求较高的技术水平，实生播种不需要太高的技术即可进行。

5. 有的接穗易生根

有些树种的接穗易生根，栽植嫁接苗后接穗与土接触就会生根，接穗的根系慢慢会替代砧木的根系，砧木的作用逐渐丧失，如苹果的中间砧、榛子、欧李等。

第二节 果树嫁接的历史与发展

一、中国嫁接的历史

我国嫁接技术的起源，可以追溯到周秦时代，距今 2300 年以上，《尚书·禹贡》中已记载了柑橘类的嫁接，距今约 3000 年。嫁接是古人由于生产的需要，受自然接木现象启发而创造出来的一种繁殖技术，《二十四史》中记载"连理"现象达 254 次，说明当时人们对自然接木（自然靠接）已经有了较深的认识，也有的学者认为嫁接受自然接木、扦插、半寄生植物等的影响，相互融合而成。

《周礼·考工记》中关于"橘逾淮而北为枳……此地气然也"的记载，常常认为是果树对不同生态环境适应性的结果，但有学者指出这是关于嫁接的最早记载，理由是柑橘嫁接苗在淮河以北地区栽培时，因气温低而使地上部接穗"橘"冻死，地下部砧木"枳"仍然发芽生长，古人观察不仔细，误以为"橘"变为"枳"了。

成书于公元前一世纪的《氾胜之书》记载了把十株瓠苗嫁接成一蔓结大瓠的方法，"候水尽，即下瓠子十颗……既生，长二尺❶余，便总聚十茎一处，以布缠之五寸❷许，复用泥泥

---

❶ 中国古代度量长度的尺，各时期长短不同，西汉时 1 尺大约 23 厘米。

❷ 1 尺＝10 寸。

之。不过数日，缠处便合为一茎。留强者，余悉掐去，引蔓结子"。至迟在公元六世纪，嫁接已经在我国黄河流域盛行。贾思勰的《齐民要术》中对果树嫁接有极其详尽的叙述，在梨的嫁接技术中谈到了砧木的选择、接穗的选取、嫁接时期以及如何保证嫁接成活等各个方面。我国唐代韩鄂（约公元九至十世纪）在《四时纂要》中提到了嫁接时砧木与接穗的亲缘关系问题："其实内子相似者；林檎、梨向木瓜砧上，栗子向栎砧上，皆活，盖是类也。"王祯（元）《农书》系统总结了桑的嫁接方法，提出了"夫接博，其法有六：（一）曰身接……（二）曰根接……（三）曰皮接……（四）曰枝接……（五）曰靥接……（六）曰搭接……"几乎包罗了所有的嫁接类型。

我国不同时代的农书均有嫁接的相关记载，如西汉《氾胜之书》、东汉《四民月令》、晋《李赋》《齐民要术》、南朝《奉梨诗》、唐《洛阳牡丹记》、宋《格物粗谈》《分门琐碎录·农艺门》《种艺必用》《土农必用》、元《农桑辑要》《农书》《农桑衣食撮要》、明《群芳谱》、清《花镜》等（表1-1）。古书中的一些嫁接记载，有时是十分离奇的，特别是关于不同种之间的嫁接，如"柿树接桃枝则为金桃""桑上接梅则梅不酸，桑上接梨则脆而甘美"等，这些记载可能只是古人的美好愿望。从古书中的记载来看，一些嫁接砧穗组合现在还在应用，但是一些远缘嫁接现在没有成功的实际样本，很可能这些远缘嫁接只是自然连理或者半寄生的关系，并没有太大的实际应用价值，山西省太原市晋祠圣母殿前有一株周代连理古柏，树龄大约3000年，这是现存最古老的连理树。

表 1-1 中国古代果树嫁接概况

砧木	接穗	史籍或农书	成书年代	备注
枳	橘	《周礼·冬官·考工记》	公元前 3 世纪	不同属间嫁接
无实李	虑李	《尔雅》	秦汉	不同品种间嫁接
枳	柚	《列子·汤问第五》	战国	不同属间嫁接
栎	栗	《四民月令》	东汉	不同属间嫁接
李	李	《李赋》	晋	不同品种间嫁接
梨	梨	《奉梨诗》	南朝（502—557 年）	不同品种间嫁接
棠	梨	《齐民要术》	北魏（6 世纪 30—40 年代）	不同种间嫁接
杜	梨			不同种间嫁接
桑	梨			不同科间嫁接
枣	梨			不同科间嫁接
石榴	梨			不同科间嫁接
软枣	柿			不同种间嫁接
木瓜	林檎	《四时纂要》	唐末或五代初期	不同属间嫁接
木瓜	梨			不同属间嫁接
山楂	榲桲	《洛阳花木记》	北宋	不同属间嫁接
冬青	梅	《格物粗谈》	北宋（1037～1101 年）	不同科间嫁接
柿	桃			不同科间嫁接
桑	杨梅			不同科间嫁接
梅	桃			不同属间嫁接
木犀	石榴			不同科间嫁接
李	桃			不同属间嫁接
枳	柑	《分门琐碎录·农艺门》	南宋（12 世纪前期）	不同属间嫁接
枳	橘			不同属间嫁接

砧木	接穗	史籍或农书	成书年代	备注
桑	桑	《农书》	宋(1149年)	不同品种间嫁接
枫杨	胡桃	《墨庄漫录》	南宋	不同属间嫁接
朱栾	柑	《橘录》	南宋(1178年)	不同种间嫁接
朱栾	橘			不同种间嫁接
梅	梅	《范村梅谱》	南宋	不同品种间嫁接
桃	杏	《种艺必用》	南宋	不同种间嫁接
枣	葡萄			不同科间嫁接
梨	海棠	《海棠谱》	南宋	不同属间嫁接
梅	杏	《农书》	元(1313年)	不同属间嫁接
桃	李			不同属间嫁接
桑	桑			不同品种间嫁接
山桃	桃	《农桑衣食撮要》	元(1314年)	不同种间嫁接
山桃	杏			不同种间嫁接
山桃	李			不同种间嫁接
杨梅	杨梅	《便民图纂》	明(1502年)	不同品种间嫁接
枇杷	枇杷			不同品种间嫁接
栗	栗			不同品种间嫁接
枣	枣			不同品种间嫁接
梨	梨			不同品种间嫁接
银杏	银杏			不同品种间嫁接
枳	金橘			不同种间嫁接
李	桃			不同属间嫁接
木瓜	木瓜	《本草纲目》	明(1578年)	不同品种间嫁接

砧木	接穗	史籍或农书	成书年代	备注
荔枝	荔枝	《荔枝谱》	明(1597 年)	不同品种间嫁接
林檎	苹果	《群芳谱》	明(1621 年)	不同种间嫁接
桃	梅	《农政全书》	1639 年	不同属间嫁接
杏	梅			不同属间嫁接
楝	梅	《养余月令》	1640 年	不同科间嫁接
油桐	栗			不同科间嫁接
茅栗	栗	《物理小识》	清(17 世纪中期)	不同种间嫁接
锥栗	栗			不同种间嫁接
李	杏	《花镜》	清(1688 年)	不同种间嫁接

我国近代应用的芽接法是从日本传到我国的。

二、国外嫁接的历史

欧洲 Theophrastus（古希腊哲学家、自然科学家，公元前 372—公元前 287 年）的有关果树枝接和芽接及其生理学观察被认为是嫁接的最初记载，在古希腊时代就有植物嫁接技术的记载，五世纪中芽接和枝接技术在地中海地区应用已相当多。枝接出现较早，十六世纪在英国已应用的嫁接方法是劈接、冠接和舌接，芽接比枝接要迟一些，在欧洲普遍应用是在十七世纪以后。Thouin 在 1821 年的一本专著中，记载了 119 种嫁接方法。

据王国平介绍，伊朗在种植核桃时，将多粒种子放在底部有孔的陶瓷罐中，然后将陶瓷罐底朝上埋在土中，让核桃萌发，最强壮的核桃将首先从陶瓷罐中长出，而其他核桃萌发后不能从孔中长出而形成自然嫁接，使得最先萌发的核桃可以利用其他核桃的根系而茁壮生长，且产量高。

三、现代嫁接技术的发展

现代嫁接技术的几个突破，为我国果树产业的发展做出了很大的贡献，一是核桃方块芽接技术的突破，二是单芽腹接技术的突破，三是酸枣直播建园技术的突破。核桃方块芽接技术使核桃的嫁接成活率提高到95％以上，繁育苗木的速度大大加快，在我国核桃产业大发展的过程中起到了重要的作用。单芽腹接技术采用一把修枝剪完成嫁接操作，提高了嫁接速度和成活率，目前在生产中应用广泛。新疆在发展枣树过程中，创新发展了酸枣直播后嫁接枣树的技术，解决了新疆枣树建园时栽植成活率低的难题，使新疆一跃成为我国红枣主产区之一。

第三节　果树嫁接成活的原理

嫁接愈合的过程是异种或同种植物的器官、组织或细胞相互影响、相互作用结合成一个有机整体的过程，包括未形成愈伤组织、开始形成愈伤组织、砧穗间愈伤组织连接、形成层分化与连接、输导组织接通等 5 个阶段（图 1-1）。

砧木和接穗愈合是嫁接成活的首要条件，嫁接能否成活，首先取决于砧木和接穗间能否相互密接，产生愈伤组织且很好地愈合，并分化产生疏导组织。双方产生愈伤组织和伤口愈合，是嫁接成活的关键，嫁接体的发育实质上是一个以维管束功能恢复为主的，砧木与接穗间结构和功能重构及贯通的过

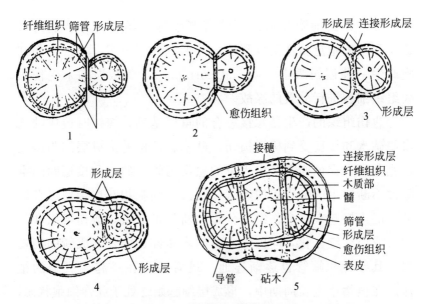

图 1-1　嫁接愈合的过程

1—未形成愈伤组织；2—开始形成愈伤组织；3—砧穗间愈伤
组织连接；4—形成层分化与连接；5—输导组织接通

程，木质素在此过程中起着决定性作用。嫁接初期，接口内部为了适应突然的变化，进行了物质的合成与转化，产生了大量的可溶性蛋白和木质素，用于细胞的分化，并产生了大量的对愈合起促进作用的多酚，以抵御昼夜温差、创伤和外源病原物的侵入，同时形成层适当的水分含量保证了嫁接体的成活。

一、愈伤组织形成

果树砧木和接穗在嫁接时都要造成伤口，双方伤口内部一些细胞壁开始木栓化，并把死细胞和活细胞隔离开来。残存活细胞与伤口平行多次分裂，被覆伤面，这些新分裂形成的组织称为愈伤组织（callus）。愈伤组织主要由形成层细胞形成，也可由已经失去细胞分裂作用的薄壁细胞重新恢复分裂能力形成。薄壁细胞重新恢复分裂能力并形成愈伤组织，是因受伤细胞产生一种创伤激素（wound hormone），刺激周围未受伤永久组织细胞进行分裂的缘故。

愈伤组织的产生是嫁接愈合的重要基础，嫁接时造成的切口使砧木和接穗受到机械损伤，砧木、接穗的形成层细胞恢复旺盛分裂，在创面上产生大量的愈伤组织，砧木和接穗间的空隙被不断增生的愈伤组织填满，其薄壁细胞相互连接使二者的形成层连接起来，愈伤组织分化出新的形成层，愈伤组织和新的形成层继续分化，向内形成新的木质部、向外形成新的韧皮部，其导管和筛管也逐渐连通，最后结合在一起形成新的植株。在植物年生长周期中，形成层细胞始终处于胚性细胞状态，保持着旺盛的分裂能力，是嫁接中产生愈伤组织的主要来源。

嫁接时砧木和接穗产生愈伤组织的能力不同，砧木有根系供应水分、营养物质，产生愈伤组织的能力较强，而接穗处于离体状态，靠自身携带的有限营养物质产生愈伤组织，其产生的愈伤组织较少。所以在嫁接时要选择健壮的枝条或芽体作为接穗，切削接穗时接穗不能太小，太小的接穗营养物质少，产生的愈伤组织也少，不容易成活。如果接穗的营养物质消耗殆尽，其愈伤组织还不能与砧木的愈伤组织相连通，不能获得新的养分和水分，接穗就会死亡，导致嫁接失败，所以在嫁接时要让砧木和接穗的形成层对齐，使砧木和接穗的愈伤组织尽快连通，是保证嫁接成活的关键之一。

二、愈合及成活过程

嫁接时砧木和接穗的削面受损伤细胞变褐死亡，形成褐色隔膜（隔离层），封闭和保护伤口。此后双方形成层开始细胞分裂，隔膜以内的细胞受创伤激素的影响，使伤口周围细胞开始生长和分裂形成愈伤组织，将隔离膜包被于愈伤组织之中，直到输导组织形成和连通。砧木和接穗切面的愈伤组织几乎同时产生，但二者增长速度不同，一般砧木形成和产生愈伤组织快而多，接穗则较慢而少。芽接的愈伤组织约在嫁接后 7 天左右逐渐填满砧、穗接口空隙后，开始形成愈伤形成层。砧、穗双方新的形成层环联结后，接穗开始生长活动，双方愈伤组织的薄壁细胞逐渐靠近并互相联结。这时新的形成层逐渐分化，向内分化新的木质部，向外分化新的韧皮部。从纵切面观察，砧木和接穗开始形成管胞分子和管胞束，在以后继续分化生长的过程中，将砧、穗双方木质部导管和韧皮部筛管连通一起，最终达到全面愈合，成为新的独立植株。

三、砧穗间物质流动与交换

砧木和接穗的愈伤组织连通后即形成砧穗共生体，二者之间便开始了水分、营养物质及同化物的运输与分配，并由此影响砧穗嫁接亲和力的大小。亲和性越好，砧穗之间的物质交换及分配越协调、通畅，反之砧穗之间的物质交换与分配会受到影响，表现出嫁接不亲和。嫁接成活后砧木吸收水分和矿质营养供给接穗生长，接穗光合作用的产物碳水化合物向砧木运输，二者构成了既协调又矛盾的关系，砧木和接穗的合成物质对对方均会产生影响，砧木和接穗的生长反应是二者共同作用的结果。

四、砧木与接穗间的相互关系

（一）砧木对接穗的影响

1. 对生长的影响

有些砧木能促使树体生长高大，如海棠果、山定子是苹果的乔化砧；山桃和山杏是桃的乔化砧；青肤樱、野生甜樱桃是甜樱桃的乔化砧等。有些砧木能使树体生长矮小，如以崂山奈子作砧木嫁接伏花皮、倭锦、红星等品种可使树体矮化，武乡海棠（属河南海棠）嫁接苹果后有半矮化的表现。从国外引入的许多苹果矮化砧如 M_9，M_{25}，M_{27} 是矮化砧，M_7，M_4，M_2，MM_{106} 等为半矮化砧。

砧木还可影响树体寿命，矮化砧能缩短果树的寿命。如浙江黄岩将朱红橘嫁接在枸头橙乔化砧木上树体寿命可达百年以上，嫁接在小红橙砧上寿命仅 70～80 年，嫁接在枳砧上 30 年后根系即现衰退。用共砧（普通枇杷苗）嫁接的枇杷寿命不过40～50 年，而用石楠作砧木，80 年生以上还能盛产果实。

2. 对结果的影响

砧木对果树进入结果期的早晚、果实的成熟期、色泽、品质、产量和贮藏性等都有一定影响。通常嫁接在矮化砧和半矮化砧上的苹果和嫁接在榅桲上的洋梨开始结果早。然而同为乔化砧但种类不同，对同一品种接穗的结果期早晚也有影响。河北农业大学（曲泽洲等，1974）苹果砧木试验表明，金冠苹果嫁接在难咽（属西府海棠）、茶果（属海棠果）、河南海棠、山定子砧上结果较早，而嫁接在三叶海棠（*Malus sieboldii*）砧上则结果期较晚。桃接在毛樱桃砧比用其他砧木（毛桃、李、杏）开始结果早，成熟期早 10～15 天。

苹果矮化砧有使果实早着色、色泽好、提早成熟的作用。用林檎（中国苹果）砧嫁接红玉果实品质较好，用武乡海棠嫁接红星苹果果实色泽鲜艳。用酸橙作砧木嫁接甜橙、宽皮橘和葡萄柚，果实皮薄而光滑、多汁质佳而且耐贮藏。

3. 对抗逆性和适应性的影响

砧木可提高嫁接果树的抗逆性和适应性，有利于扩大果树栽培区域。如山定子原产我国北方，抗寒力强，有些类型可抗－40℃以下低温，嫁接在这种山定子上的苹果能减轻冻害。但山定子对盐碱的抗性差，而且不耐涝。在黄河故道地区用山定子作砧木的幼树易患失绿病，而用海棠果、西府海棠和沙果作砧木则生长正常。

砧木对增强果树的其他抗性亦有影响，如用扁棱海棠（*M. robusta*）和小金海棠（*M. xiaojinesis*）作苹果砧木，对黄叶病抵抗力较强，而且抗旱、抗涝；用杜梨作梨砧木抗盐碱能力增强；毛桃砧比山桃砧更耐水涝；李作桃的砧木能提高耐水涝力；红藜檬具有很强的耐涝性，广东多用它作砧木在水稻田栽培椪柑、蕉柑；红橘作甜橙的砧木较甜橙砧耐旱；枸头橙作温州蜜柑的砧木，较枳砧抗盐碱；河岸葡萄和砂地葡萄作欧洲葡萄的砧木可抗根瘤蚜。

（二）接穗对砧木的影响

苹果不同品种对砧木根系的生长特性有不同影响。苹果实生砧嫁接红魁，砧木须根非常发达而直根发育很少；如果嫁接初笑或红绞品种，则砧木成为具有 2～3 叉深根性的直根根系。用益都林檎砧嫁接祝苹果，其根系分布广，须根密度大，而同砧木嫁接青香蕉则次之，嫁接国光又次之。此外在接穗的影响下，砧木根系中的淀粉、碳水化合物、总氮、蛋白态氮的含量，以及过氧化氢酶的活性等都有一定变化。

（三）中间砧对砧木和接穗的影响

以山定子为基砧，以 M_9 矮化砧为中间砧，其上再接红星苹果接穗，这种矮化中间砧苹果苗栽植后树冠较矮小，提早进入结果期。表明中间砧和矮化砧一样能使树体矮化和早结果。矮化中间砧的矮化效果和中间砧的长度呈正相关，中间砧段愈长矮化效果愈明显，一般使用长度为 20～25 厘米。

（四）砧穗之间相互影响的机理

砧木和接穗之间的相互关系是很复杂的，从已有的材料看砧木对接穗影响的研究较多，有关影响归纳为如下三个方面。

1. 营养和输导方面

矮化砧果树通常比乔化砧果树含有较多的有机和无机营养，贮藏水平较高。嫁接在 M_9 砧上的苹果幼树结果较早和其新梢内较早地积累淀粉有关，因而有利于花原始体的分化。嫁接在乔化砧 M_{12} 上，因其强旺的根系吸收的水分和养分较多，刺激新梢的生长，缺少早期淀粉积累，结果较晚。

2. 内源激素方面

试验分析表明，随着矮化砧木的矮化效应增强，其根系和新梢皮层组织内能破坏吲哚乙酸（生长素）形成的物质含量愈多。Miller（1965）研究发现，致矮显著的砧木中含有氧化分解吲哚乙酸的物质较多。

3. 解剖结构和代谢关系方面

凡是韧皮部所占比例较大的砧木，其矮化效果比较明显。砧、穗解剖结构相似度越大，亲和性越好。砧、穗形态结构差异较大时，输导系统连接不良，会导致光合产物运输受阻，砧木根系长期处于饥饿状态，生长受到限制，吸收功能减退，最后反过来影响地上部的生长。

五、嫁接成活后砧穗的生长表现

砧穗结合部位会形成特殊的结构，对上影响接穗的生长，对下影响砧木的生长，嫁接口的愈合情况影响树体的经济寿命和机械强度。如果砧木和接穗亲和性好，嫁接成活后砧穗生长正常，上下一样粗细，嫁接后砧穗生长速度不一致时，就会表现出"大脚""小脚"等特殊现象（图1-2）。如砧木比接穗主干粗的称为"大脚"，如 M₉ 砧嫁接苹果；砧木比接穗主干细的称为"小脚"，如梨的"杏叶梨/杜梨"、葡萄的"里扎马特/白香蕉"、核桃的"普通核桃/核桃楸"、苹果的"苹果/山定子"等嫁接组合会出现小脚现象。

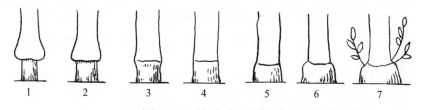

图 1-2　嫁接亲和情况

1，2—小脚；3，4—生长正常；5，6，7—大脚

第四节　果树嫁接亲和力

亲和力是指具有相同起源的物种之间在结构上的关系或相

似之处。嫁接亲和力则是指嫁接以后砧、穗完全愈合成活为共生体，并能长期正常生长和结实，表现出与相同起源类似的特征与状态。砧木和接穗是否"亲和"是果树嫁接能否成活最关键的因素，是果树嫁接繁殖中最核心的问题，也是最复杂的问题。如果接穗和砧木不亲和，即使再好的嫁接技术也难以嫁接成活。嫁接能否成活以及成活后砧木与接穗的相互适应的程度，常以嫁接亲和力的有无或强弱来解释。

嫁接后接穗与砧木组织学上能愈合，持续生长，完美结实的叫嫁接亲和，亲和性差的即使嫁接成活，也会影响嫁接苗后期的生长、结果、适应性、抗病性和寿命等。通常将亲和力分为：①亲和良好（砧穗生长一致，接合部愈合良好，生长发育正常）；②亲和力差（砧木粗于或细于接穗，结合部膨大或呈瘤状）；③短期亲和（嫁接成活后生活几年以后枯死）；④不亲和（嫁接后接穗不产生愈伤组织并很快干枯死亡）。短期亲和、后期不亲和对果树生产和经济效益将造成严重影响。嫁接亲和力强弱是植物在系统发育过程中形成的特性，主要与砧木和接穗双方的亲缘关系、遗传特性、组织结构、生理生化特性和病毒影响有关。

一、嫁接不亲和的表现

嫁接不亲和的表现，常分为以下 4 个类型。

（1）嫁接后接穗无法成活　接穗和砧木亲缘关系较远，组织结构差异大，即使嫁接技术再好也难以成活。

（2）嫁接后虽然能成活，但是短期内即死亡　嫁接后在接口形成离层，导致接穗逐渐死亡。例如用栓皮栎、辽东栎等嫁接板栗时，虽然能成活，但会表现出明显的嫁接不亲和现象，接穗萌芽后，节间极短，叶呈丛状，木质部退化，以致新梢下垂，形成鞭状，这些树一般在秋季，最迟至冬季全部死亡（图1-3），且嫁接后砧木萌蘖特别多，流胶现象严重。

图1-3　板栗嫁接不亲和

（3）嫁接后能长期成活，但生长受到影响　接穗和砧木能够愈合，但会在嫁接口发生膨大，生长不良。

（4）后期不亲和　嫁接后接口愈合良好，生长也正常，但生长若干年后，就会表现严重的不亲和症状，甚至死亡。嫁接成活的植物在前几年能生长得很好，但随着时间的推移嫁接的植物却逐渐死去，尤其在高接换种的大树（砧木）上极为明显，这种死亡从表面上找不到原因，没有病虫、微生物等危害和人为等因素的影响，这可能是接穗和砧木细胞发育不一致，导致连接的维管束桥断裂，经长期积累后，在重力作用下导致的量变。如枫杨嫁接核桃，成活率高，但生长量小，3～5年后嫁接的核桃就会逐渐死亡。笔者见过一株杏树，砧木为山桃，已正常生长10年左右，结果一场大风使其在接口处齐齐折断，这是后期不亲和的表现。

二、亲和力的影响因素

（1）亲和力与亲缘关系　通常亲和力与亲缘关系呈正相关，亲缘关系越近嫁接亲和力越强，越容易嫁接成功，如同种、同品种间的亲和力最强，其嫁接成活率高，同属异种间则因果树种类而异，但多数果树亲和力都很好（如苹果接于海棠或山定子砧木上，白梨接于杜梨砧木上，甜橙接于酸橘砧木上，柿接于君迁子砧木上等）。属间嫁接有时可以成功，但科间的嫁接几乎都是失败的。苹果属的各个种间嫁接亲和力较好，而李属的各个种间嫁接亲和力表现不同，桃可作为扁桃、杏、欧洲李和中国李的砧木，而扁桃和杏不能嫁接成功。同科异属间的亲和力则比较弱（如山楂砧接苹果），属间嫁接亲和良好并用于生产的如榅桲砧嫁接西洋梨，枳壳砧嫁接柑橘，石楠砧和榅桲砧嫁接枇杷等。如将榅桲接在洋梨砧上，欧洲李接在中国李砧上则表现亲和力不良。但也存在特殊情况，如同属于湖北海棠中的平邑甜茶和泰安海棠分别作苹果砧木时，前者与苹果亲和力很强，后者亲和力较弱。又如同样用泰安海棠作砧木，嫁接金冠苹果成活率很高，而嫁接青香蕉、伏花皮则成活率很低。说明亲和力是一个复杂问题。

（2）亲和力与砧、穗组织结构的关系　主要是指砧木和接穗双方的形成层、输导组织及薄壁细胞的组织结构相似程度，相似程度越大，相互适应能力越强，越能促进双方组织间联结，亲和力和愈合力越强。反之亲和力和成活率低或接后生长不良。Buchloh（1960）在电子显微镜下观察榅桲砧上嫁接西洋梨组合中的亲和与不亲和两类植株结合部细胞壁构造时，发现属于亲和类各组合中细胞壁木质素含量基本相同，不亲和组合中砧穗相邻细胞壁中则不含木质素，双方不能愈合联结。因此他认为结合部附近细胞壁的木质化过程是"西洋梨/榅桲"愈合成活必不可少的。桃嫁接在马里安娜李（Marliana）砧木上，虽然初期能够成活生长，但从解剖中看到双方韧皮部未能愈合，从而导致根系死亡，叶片枯萎脱落。

（3）亲和力与砧、穗生理机能和生化反应的关系　主要反映在砧木和接穗任何一方不能产生对方生活和愈合所需要的生理生化物质，甚至产生抑制或毒害对方的某些物质，从而阻碍或中断生理活动正常进行。砧、穗双方的生理机能和生化反应方面的差异主要表现在双方对营养物质的制造、新陈代谢以及酶活性方面的差异。Desteger（1956）认为不亲和的组合中，缺少有利于简单物质再度合成的适当的酶，如以榅桲为砧木嫁接中国梨，双方过氧化氢酶活性相近时亲和力强，相差大时亲和力差或不亲和。另外由于榅桲砧产生一种含氰苷的物质进入梨接穗的韧皮组织后，分解放出氰氢酸而阻碍接合部形成层活动，引起接合处韧皮部和木质部解剖上的反常现象，从而阻碍上、下部的养分和水分的输导。这种游离的氰氢酸还可损害大面积韧皮部，从而导致全株死亡。

（4）亲和力的预测鉴定　有些组合的不亲和现象要到15～20年以后才表现出来，为了克服田间试验判断亲和力时间过长的缺点，可采用实验室测定的方法。如通过解剖测量砧木和接穗的最小细胞的大小相似度来推断亲和力；用显微镜检查接合处的组织结构是否正常。章文才研究提出，砧木和接穗形成层细胞生长速率和分生能力与木质化相互适合程度，可以预测砧、穗间亲和力。也有人通过测定接合部水分的传导能力大小、接合部断裂强度、接合部上下部分淀粉分布和积累情况，来推断亲和力的大小。

（5）亲和力与砧、穗携带病毒的关系　砧木和接穗任何一方带有病毒、病毒复合物类菌质体，都可使对方受害甚至死亡。这些病毒或类菌质体均可通过嫁接传播，如苹果高接带有病毒的接穗2～3年后，植株长势变弱，树皮龟裂，木质部异常或表现叶片褪绿、花叶等，明显影响树体生长发育。

三、嫁接不亲和的机制

对砧穗间不亲和的机制目前主要有 2 种观点：一种认为不亲和是由于砧穗间亲缘关系的不同而引起的生理生化特性及组织结构的差异；另一种认为是物质运输障碍导致了不亲和。

H. T. 哈特曼等将嫁接不亲和分为 2 种类型：①可传递的不亲和。在砧穗之间加入 5 段互相亲和的中间砧之后，仍不能克服其不亲和的情况。显然这是由于不稳定的因素通过中间砧而起作用的结果。②局部不亲和。由砧穗实际接触而引起的不亲和反应。它可以通过在砧穗二者之间加入与砧穗均亲和的中间砧而得到消除。H. T. 哈特曼认为，不亲和的原因可能是砧木和接穗具有不同的生长特性或是砧穗生理生化上的差异造成的。

Boubals 和 Huglin 认为不亲和的砧穗所合成的物质不能通过接合部，可能是韧皮部阻塞的结果。而 Desteger 则认为接穗合成的物质是以某些简单形式的化合物来输送的，在到达砧木后，借适当的酶来再度合成，而不亲和的嫁接组合正是由于缺乏这种酶的存在。

四、嫁接不亲和的弥补

以东京山核桃（*Carya tonkinensis*）作砧木嫁接美国山核桃（*C. illinoensis*）时，苗期嫁接亲和力较好，但在 6 年以后开始出现"小脚"现象，树体生长和产量受到影响，需在嫁接时降低嫁接部位，同时在基部刻伤、培土，促使接穗生根，以弥补嫁接后期亲和力减弱的缺陷。

第五节　影响嫁接成活的因素

　　熟练的嫁接工嫁接成活率可达到98％以上，要根据嫁接成活的机理，尽可能满足嫁接成活所需要的各种条件，以提高嫁接成活率。影响嫁接成活的因素较多，在生产上需特别注意以下几个方面。

一、内在因素

1. 砧、穗的亲和力

　　嫁接亲和力是砧木和接穗双方能够正常连接并形成新的植株的能力。接穗和砧木的内部组织结构、遗传和生理特性越相近，其亲和力越强，嫁接愈合性越好，成活率越高，生长发育越正常。一般来说亲缘关系越近（同属），其亲和力越强，亲缘关系越远嫁接亲和力越差。果树嫁接时所采用的砧木与接穗许多都不是同一个种，在嫁接上属于远缘嫁接的情况比较多，砧穗间的亲和力不如本砧的亲和力强。生产中的异种砧木接穗间的嫁接是在长期嫁接实践的基础上获得的，虽然亲缘关系较远，但有较强的亲和力，嫁接后能够正常生长，能够充分利用异种砧木的抗逆性、矮化性等优良特性。本砧嫁接的亲和力强，如普通核桃做砧木嫁接普通核桃，铁核桃做砧木嫁接泡核桃，亲和力强。其他几种砧木如山核桃、枫杨、核桃楸等与普通核桃亲缘关系较远，亲和力较差，如枫杨嫁接普通核桃后常出现"小脚"现象，成活后的保存率低，生长几年或几十年后会死亡，寿命较短。

2. 果树的种类

不同种类的果树形成愈伤组织的难易有所差异。一般愈伤组织形成快的树种营养物质贮存多，韧皮部发达的树种嫁接成活率高；含树脂、单宁、髓部较大，导管、管胞细小的树种，愈伤组织形成较难，嫁接成活率低，如梨、葡萄、苹果等属于容易嫁接成功的植物，而核桃、柿等属于嫁接不容易成功的植物。有些果树的亲和力比较强、但嫁接成活率较低，如山核桃、栗、柿、圆叶葡萄、芒果等。有些果树亲和力相同，但砧穗位置互换，嫁接成活率就不同，桃接在李或扁桃上成活率高，而李或扁桃嫁接在桃上成活率较低。

嫁接方法不同则成活率也不同，有些树种枝接容易成活，有些树种芽接容易成活，有些树种枝接、芽接均容易成活。核桃嫁接时以方块形芽接比枝接的成活率高，枝接时以插皮舌接的成活率最高，贴接和劈接次之，腹接成活率最低。

3. 砧、穗质量

从嫁接成活的机理来看，只有砧木和接穗都能产生足够的愈伤组织，愈伤组织分化形成连接组织，才能最后形成一个新的植株。这就要求砧木和接穗都有较强的生命力，接穗和砧木发育完好、贮藏营养物质充足时嫁接更易于成活。特别是接穗的质量，因接穗要完全靠自身贮藏的养分度过一段时间，如果接穗质量较差，成活率就会大大降低。所以在生产上要避免使用质量较差的接穗，枝接的接穗髓部要小，芽子要饱满，芽接的接穗要木质化或半木质化。枝条基部和梢部的芽质量较差，不要用来嫁接。春季砧木根系生长旺盛，可以产生大量的愈伤组织，有利于嫁接成活，但有些树种如核桃等在根系活动的影响下，伤口会产生大量的伤流液，影响嫁接成活。

接穗含水量是影响嫁接成活的至关重要的因子，接穗失水率超过12.7％时愈伤组织不能产生，嫁接后接穗含水量低，或嫁接后不注意密封保湿使接穗含水量下降，都容易造成接穗抽干枯死。接穗中淀粉含量、可溶性糖含量、C/N值与嫁接成活率成正相关，粗接穗贮藏的营养物质多，能保持较长时间的"自养"，成活率高，细弱的接穗"自养"时间较短，成活率低。但接穗越粗，越不容易切削，操作难度越大，徒长枝粗而不壮，也不能用来做接穗。嫁接时一般是砧木与接穗等粗或者砧木比接穗粗为好，只有在极少数的情况下才用接穗比砧木粗的方式进行嫁接。

4. 嫁接的极性

愈伤组织具有明显的极性，砧、穗双方愈伤组织的极性可影响接合部正常生长。任何砧木和接穗都有形态上的顶端和基端，愈伤组织最初发生在基端部分，这种特性称为垂直极性。常规嫁接时接穗的形态基端应插入砧木的形态顶端部分（异极嫁接），这种正确的极性关系对接口愈合和成活是必要的。如桥接时将接穗极性倒置，虽然也能愈合并存活一段时期，但接穗不能加粗生长。而极性正确，嫁接的接穗则正常加粗。丁字形芽接时，接芽倒接也能永久成活，萌芽后枝条先斜向下生长，以后新梢翘起向上生长，这时接芽片的形成层仍能继续生长，但从形成层分化出来的导管和筛管却呈扭曲结构，水分和养分流通不畅常造成生长缓慢、成花过早而导致树体早衰。

5. 酚类物质

酚类物质（习惯称为"单宁"）的种类很多，其作用各不相同，但均与愈伤组织形成有关，某些对愈合起抑制作用的酚类物质（如香豆酸）的存在或对愈合起促进作用的酚类物质（如阿魏酸）的缺少，可能是影响嫁接成活的主要原因。酚类物质容易氧化成醌，产生黑色或褐色物质，形成隔离层影响嫁接口愈伤组织的形成，是抑制嫁接成活的一个原因。核桃在 5 月底 6 月初嫁接时酚类物质较少，可大大提高嫁接成活率。

6. 伤流液

核桃、板栗、柿、葡萄等果树嫁接时切口伤流液较多，大量的伤流液集中在切口处，抑制砧、穗的呼吸作用，从而阻碍愈伤组织的形成，是影响嫁接成活率的重要原因之一。不同树种伤流液成分有差异，一般含有糖类和氨基酸，有些含有较多酚类物质，有人认为伤流液对嫁接成活的影响是水淹所致，并非酚类物质作用的结果。有研究表明，核桃嫁接时伤流液少于 $0.01 g \cdot cm^{-2} \cdot h^{-1}$ 时，成活率达 84%，当大于 $0.5 g \cdot cm^{-2} \cdot h^{-1}$ 时，成活率为 0。核桃伤流液在一年四季均可发生，秋季伤流一般在落叶后期（10 月下旬至 11 月上旬）开始，并逐渐增强，随着气温降低，伤流逐渐减弱，一直持续到冬季深休眠期（12 月中下旬），春季伤流开始于萌芽期（约 3 月中下旬），随气温升高而逐渐增强，到展叶后期（约 4 月下旬），随蒸腾作用加强而逐渐减弱，生长季节伤流不明显。核桃伤流液的日变化规律是，日出后 2 小时左右开始有伤流，日落后 2 小时左右伤流停止，且上午发生较少，下午较多。过去核桃嫁接以春季枝接为主，而休眠期核桃伤流特别明显，且气温低、湿度大、雨水多的环境下伤流液增多，常用的减少伤流的方法有夏季、秋季嫁接，以避开伤流期。春季嫁接时在接口以下靠近地面砍几刀做为"放水口"，或者提前剪砧、断根、留拉水枝、推迟嫁接时期等都可以减缓伤流的产生，但很难做到完全避免。将实生苗掘起进行室内嫁接没有伤流产生，这也是以前核桃采取室内嫁接方法的理论依据。

7. 植物激素

植物激素通过影响砧穗的生理生化性质、生长及组织结构分化等，进而影响砧穗间的嫁接亲和性。脱落酸（ABA）抑制嫁接亲和的过程，赤霉素（GA）抑制维管束的形成，细胞分裂素供应减少与不亲和有关，生长素和玉米素能促进愈伤组织形成，而乙烯则与砧穗嫁接亲和性无直接关系。砧穗双方在内源激素合成、运输上的差异可能对不亲和性程度产生重要的影响。作为嫁接成功标志的维管束桥的分化就要求有较高的吲哚乙酸（IAA）水平。

二、外在因素

影响嫁接成活的外因主要有环境因子、嫁接时期、嫁接技术及用具、嫁接后的管理等。

1. 环境因子

（1）温度　温度主要影响愈伤组织细胞的活动，一般嫁接时的环境温度以 25～30℃为宜。葡萄嫁接后最适宜的温度为 23.9℃，苹果为 20℃左右，核桃为 29℃。温度过低时愈伤组织形成缓慢，在 20℃以下愈伤组织几乎不能形成，因此春季嫁接时不能太早，一般在萌芽展叶期进行，枝接较早，芽接较迟。温度过高，超过 30℃时愈伤组织柔嫩，也会影响嫁接成活，故春季嫁接过迟、温度太高时成活率较低。

（2）湿度　湿度显著影响愈伤组织细胞的生长，接口的微环境对愈伤组织的形成至关重要，主要是要保持一定的湿度，空气湿度以接近饱和状态最为适宜，接口干燥容易使薄壁组织干死，不能分化出愈伤组织。湿度过高则通气不良，愈伤组织不能产生。所以在生产上常用塑料薄膜包扎接口，防止水分散失。以前室内嫁接蘸石蜡、劈接用湿土包埋都是为了提高湿度。

（3）水分　　细胞内自由水含量越高，细胞渗透活动越活跃，越有利于细胞的分裂，从而促进愈伤组织的形成，因此在嫁接前土壤要适当灌水，以保证砧木的含水量。愈伤组织形成需要较高的湿度，但降雨会严重降低嫁接成活率。春季枝接时降雨侵入接口，会影响愈伤组织的形成，夏季芽接时降雨会使嫁接部位氧气不足而容易发生霉烂。所以在嫁接前要关注天气预报，如果近期内要降雨，则不能进行嫁接。

（4）接口氧气含量　　氧气在愈伤组织的形成过程中起着举足轻重的作用，尤其对好氧型的树种。愈伤组织的分裂对氧气要求比较高，当空气中氧气在12%以下或20%以上时，都会妨碍愈伤组织的形成，特别是氧气供应不足会影响愈合。不同树种对二氧化碳和氧气的组成及其浓度大小要求不同，苹果愈伤组织形成要求二氧化碳浓度较大，而葡萄要求氧的浓度较大。

（5）光照强度　　一般来说光线对愈伤组织的生长有抑制作用，在光照条件下愈伤组织形成少而硬，愈合缓慢，在黑暗条件下嫁接部位的愈伤组织生长快而旺盛，因此嫁接好的苗木应做避光处理。有试验表明用黑色薄膜包扎嫁接口可以促进愈伤组织的产生，提高嫁接成活率。

2. 嫁接时期

嫁接成活的关键是接穗和砧木的愈伤组织能否连接到一起，而影响愈伤组织产生的外因主要是温度，不同树种愈伤组织产生所需的温度不同，季节是影响外界温度的最主要的因素，季节条件对嫁接体的愈合起着重要作用，因此选择合适的嫁接时期就显得十分重要。嫁接一般在生长期或者即将进入生长期时进行，嫁接时砧木萌动，接穗处于休眠或半休眠状态时嫁接成活率最高（表1-2）。

表 1-2 接穗、砧木生长状态对嫁接成活率的影响

接穗生长状态	砧木生长状态	嫁接成活率
萌动	休眠	低
休眠	休眠	低
萌动	萌动	更低
休眠	萌动	高

果树的嫁接一般在生长季节进行（表1-3），按照嫁接时期的不同可分为早春嫁接、夏季嫁接和秋季嫁接，从萌芽前开始一直到八九月份都可以嫁接，不同时期用的嫁接方法不同，同一方法也因地域差异而时期不同，同一方法在同一地域也可在不同的时期应用。一般枝接适宜在春季进行，芽接适宜在夏秋季节进行。

表 1-3 嫁接时期的划分

时期	物候期	树种	嫁接方法	嫁接目的
2月下旬至3月中旬	休眠期	核桃、葡萄	室内嫁接	繁育苗木
3月下旬至4月中旬	萌芽前（未离皮）	杏、桃	劈接	繁育苗木、高接换优
4月中旬至5月上旬	萌芽前（离皮）至萌芽后	苹果、梨、核桃	插皮接、插皮舌接、腹接、桥接	高接换优
5月中旬至6月中旬	新梢快速生长期	核桃	方块芽接	繁育苗木

时期	物候期	树种	嫁接方法	嫁接目的
5月下旬至7月上旬	新梢快速生长期	葡萄	绿枝嫁接	繁育苗木
7月下旬至8月中旬	新梢快速生长期	葡萄	舌接、丁字形芽接	繁育苗木
8月下旬至9月上旬	新梢缓慢生长期	苹果、梨	丁字形芽接、嵌芽接	繁育苗木

枝接一般在春季萌芽前后进行，枝接时砧木可以是临近萌芽或已经萌芽，而接穗不能萌芽。如果因保存不当使接穗萌芽，则嫁接成活率会大大降低，理论上讲只要接穗不发芽，从春季植物萌芽前至8月份都可嫁接成活，但在适宜嫁接期内越早越好。一般高接换优在4月中旬至5月上旬进行，劈接不需要砧木离皮，而皮下接要在砧木离皮以后进行，所以劈接可适当提前进行，留出时间供接穗生枝长叶，恢复生机。嫁接早的枝条生长量大，容易恢复树冠，早嫁接有利充实枝条，利于安全越冬。高接晚了气温过高，树干无枝叶遮挡，易发生日烧，且高接晚的发枝短小，树冠恢复慢。

芽接一般在生长季节进行，较为适宜的时期是6月（核桃）和8月下旬。

休眠期通过创造适合愈伤组织产生的条件，也可以进行嫁接，以前核桃就常用室内嫁接的方法来繁殖苗木。

确定嫁接时期时还要注意：一是接穗要充分成熟，接穗的芽体要发育成熟，且芽片能够保持一定的营养水平，否则嫁接后芽片或芽体容易死亡；二是6月上中旬嫁接成活后，剪去接芽以上的砧木，接芽当年萌发，到秋季可以成苗，7月下旬以后嫁接的接芽当年不萌发，需要到第二年春季再剪砧，接芽才萌发生长。

3. 嫁接技术及用具

嫁接技术对成活有重要影响，后文会作详细介绍。

不同的嫁接方法需要不同的嫁接用具，嫁接所用的刀具要求锋利，这样比较容易操作，能提高嫁接成活率。嫁接工具不锋利，或者刀刃处有豁口、锈斑等情况都会影响到嫁接成活。嫁接后用黑色膜绑缚可以遮光，有利于愈伤组织的产生，可提高成活率。

4. 嫁接后的管理

嫁接失败许多是由于接后疏于管理造成的。嫁接后要注意及时松绑、解除塑料条，减少水分、养分供应的阻碍，不解绑塑料条会抑制枝条绑缚部位的生长，使绑缚部位过细，嫁接苗容易从嫁接口绑缚的缢痕处折断。枝接要绑缚支柱，以免新梢长出后被风吹折。不论芽接还是枝接，需及时抹去萌发的砧木芽条，集中养分供接芽生长，也有提高成活率的作用。

5. 病菌、病毒的影响

有些病菌和病毒会通过嫁接传播，使嫁接不容易成活。在嫁接时要选用不带病菌的接穗，不从病树上取穗条，有条件的可采用脱毒材料来繁殖苗木。

6. 植物生长激素的影响

嫁接口的创伤会刺激植物产生大量的激素，促进嫁接口的愈合，在生产中对一些不容易嫁接成活的树种，用激素处理接穗和嫁接口后取得了较高的嫁接成活率。在形成层活动的恢复及其后的分化中，吲哚乙酸（IAA）起着重要的作用。已有报道用 $2.5\% \sim 3.5\%$ 的蔗糖溶液加 0.5 毫克/千克的 IAA 或萘乙酸（NAA）处理可以使愈伤组织产生木质部和韧皮部，并带有形成层。吲哚乙酸/赤霉素的比值对形成层的分化也起着重要调节作用，二者比值高时，促进木质部分化，反之则促进韧皮部分化。枝接后可在伤口处涂抹愈合剂，可促进愈伤组织的产生，有利愈合，促进嫁接成活。

三、嫁接操作技术

嫁接多是手工操作，嫁接技术好坏对成活至关重要，一般要求在嫁接时要快、平、准、紧、严，即嫁接速度要快、削面要平、形成层对准、包扎捆绑紧、封口严。嫁接速度越快，接穗和砧木的切口在空气中暴露的时间越短，嫁接成活率越高。嫁接时砧、穗接触面平滑且大，形成层要对齐，贴紧捆牢，有利于成活。嫁接技术熟练可缩短嫁接过程中砧木、接穗切口在空气中暴露的时间，减少单宁物质的氧化，同时切削面平滑可使砧、穗紧密接触，形成层吻合，愈伤组织容易连通。同时嫁接时绑缚牢固、密闭与否也会影响嫁接的成活，嫁接时的绑缚起多个作用，最主要的作用是密封，将砧木、接穗的切口完全密闭起来，防止水分从伤口散失，有利于愈伤组织的产生，如果绑缚不严，特别是接穗有伤口裸露在外时，水分从伤口快速散失，接穗很快死亡，导致嫁接失败；砧木有伤口裸露时，虽然不至于很快死亡，但使嫁接部位的湿度降低，不利于愈伤组织的产生，或者愈伤组织产生后生长慢，逐渐干死，导致嫁接失败。其次绑缚可使接穗和砧木的形成层紧密接触，绑缚对接穗和砧木形成一定的压力，有利于二者密接在一起，愈伤组织容易连接贯通。再者绑缚还有一定的机械支撑作用，牢固的绑缚物在接穗萌发后起固定和支撑的作用，使接穗不至于因外力触动等原因而错位，接穗与砧木间的形成层错位后就很难成活了，接穗成活发芽后，幼嫩的愈伤组织机械支撑能力差，而绑缚物能够弥补这一缺陷，对接穗的生长形成一定的支撑力。但要注意嫁接成活后随着接穗的生长，也要及时去除绑缚，否则绑缚物的延展能力有限，造成接口处的缢痕，会逐渐限制接穗的生长。

嫁接方法不同成活率也不同，以方块形芽接成活率最高，可达到95％以上，枝接成活率较低，无论枝接还是芽接，凡砧、穗接触面积大的成活率高，反之则低。

枝接时讲究"露白"，即插入接穗后要留3～5毫米长的接穗削面在砧木截面的上端。为什么要"露白"，没有详细的资料来说明其原因，一般认为"露白"是为了促进愈伤组织的形成，使接穗与砧木结合更紧密，防止出现断层。如果不"露白"，将接穗削面全部插入砧木切口中，嫁接口处会过度膨大形成疙瘩，影响嫁接苗的生长。

第六节　嫁接的种类

果树嫁接的分类方法多种多样，如可按接穗及砧木的种类和接穗与砧木的亲缘关系进行分类。

一、按接穗及砧木的种类分类

1. 枝接

枝接是以一段枝条为接穗，接穗上至少有1个芽，主要在休眠期或刚刚进入生长季时嫁接。常用的枝接法有劈接、插皮舌接、皮下接（插皮接）、腹接、切接、合接、舌接、搭接、鞍接、靠接、桥接、插接、袋接、二重枝接等。

2. 芽接

芽接是以一个芽作接穗，成苗快，结合牢固，节省接穗。芽接法有方块形芽接、T字形芽接（也称盾芽接或丁字形芽接）、环状芽接（管状芽接、套芽接）、工字形芽接（I形芽接）、嵌芽接、逆芽接（倒芽接）、削芽接、半芽接、开槽芽接、带木质部芽接等。

芽接是目前生产上最常用的大量繁殖苗木的方法，枝接主要用于大树高接换优或芽接没有成活的第二年春天补接，现在单芽腹接技术在生产上也有了大量应用。

3. 其他

此外还有一些其他的嫁接方法，如愈伤组织嫁接、绿枝接、子苗嫁接、皮接、根接、胚芽接、茎尖嫁接、微型嫁接等。

在以育苗或改良品种为目的时，要求接穗上至少要有一个芽，但是有一些嫁接不需要接穗上有芽，如桥接、皮接等，桥接主要用于恢复枝干的运输能力，皮接可用于促进环剥口愈合、促进树体矮化、病菌（病毒）感染研究等。

根接又称掘接，是以根系作砧木在其上嫁接接穗。其中用作砧木的根可以是完整的根系或一截根段。根接在板栗、桑树和个别果树嫁接中有过应用，易于生根、成活率高，但操作较为繁琐。

二、按接穗与砧木的亲缘关系分类

1. 自体嫁接

嫁接的双方来自同一植株。曾经有一段时期，各地大面积发展核桃栽植，核桃苗木价格水涨船高，优良品种的接穗也价格高涨，有些育苗者育苗时在砧木上取一个接芽嫁接在原来的砧木上，造成嫁接的假象，但所嫁接的不是优良品种，这是一种欺骗行为。

2. 同种嫁接

嫁接双方来自同种植物的不同植株，如核桃、板栗等多用同种嫁接，以实生苗作为砧木嫁接优良品种。

3. 异种嫁接

不同种间植物的嫁接，也称远缘嫁接。果树繁殖多采用异种嫁接，所用的砧木常为同属或异属的种，亲缘关系较远，但是嫁接成活率高，能够利用砧木的抗逆性，如用山定子、海棠嫁接苹果，杜梨嫁接梨，山桃嫁接桃等。

第二章

果树的砧木

砧木，亦称"接本"，不同的砧木对接穗的影响千差万别，根据建立果园地区的土壤、气候和立地条件等环境选择适宜的砧木，是保证果树嫁接繁殖成功和丰产优质的一项重要工作。选择砧木时应考虑以下几个方面。

① 砧木与嫁接品种亲和力强。

② 砧木根系发育良好，植株生长健壮。

③ 砧木能适应当地的气候、土壤条件，并对病虫害有较强的抵抗力。

④ 砧木种子来源广，容易大量采种繁殖。

⑤ 砧木对嫁接品种的生长、结果及果实的品质没有不良的影响。

第一节　果树砧木的种类和利用形式

生产中果树可利用的砧木种类较多，常常采用不同的方法对其进行分类，如依据砧木的繁殖方法分类、依据砧木对树体大小的影响分类、依据砧木的利用形式分类等。

一、依据砧木的繁殖方法分类

1. 实生砧木

实生砧木是指播种繁殖的砧木，是最主要的砧木繁殖方法，如海棠、山定子、山桃、核桃等。利用种子繁殖是当前广泛应用的繁殖乔化砧木的方法。实生砧木主根明显，根系发达，适应性强，寿命长，其阶段发育是从种胚萌发开始，单株之间变异大，抗逆性、生长势等表现不一，导致嫁接品种后，树体整齐度差，不利于标准化和规模化生产。大力发展无性系苗木是将来果树育苗的方向。

（1）实生苗的特点　主根强大，根系发达，入土较深，适应能力强；实生苗进入结果期较迟，变异性大，不易保持母树的优良性状和个体间的相对一致性；具有无融合生殖特性的种类如苹果属中的湖北海棠、锡金海棠、变叶海棠、三叶海棠等，可产生无配子生殖体，其后代生长性状整齐一致；柑橘和芒果的营养胚（或称珠心胚），表现生长势强，能较稳定遗传母本特性；在隔离的条件下，育成的实生苗是不带病毒的，利用实生苗繁殖脱毒品种苗木，是防止感染病毒病的途径之一。

（2）实生苗的利用　目前，核桃、板栗、榛子、阿月浑子、罗汉果、芒果、腰果、番木瓜、椰子、银杏等仍采用实生繁殖，其实生后代变异较少。实生繁殖应用最为广泛的是利用近源野生种或半栽培种作为嫁接果树的砧木来源，用以增强抗逆性和适应性。此外果树杂交育种工作，需要从杂交后代实生苗中进行选择、鉴定，作为培育新品种的原始材料。

2. 无性系砧木

无性系砧木或称营养系砧木、营养系自根砧，指利用营养器官通过无性繁殖的方式获得的砧木，通常用压条、扦插、组织培养等方式进行繁殖，是矮化砧木的主要繁殖方法，如苹果的 M 系、MM 系，梨中矮 1 号、K 系，葡萄的贝达、SO4 等等。无性系砧木具有如下特点。

一是保留了母本的优良性状。通过无性繁殖方式繁育，避免了杂合遗传所带来的不稳定性，经过较长时间的栽培后仍能保持其母株的优良性状，具有保证苗木个体差异小、种质纯度高及杂种异株少等优点。

二是苗木质量好，整齐度高。用作无性系砧木的种质，其根系多为分蘖根，再生能力比较强，须根非常发达。据研究报道，M_{26}、M_7 压条繁殖当年生分株苗分别可达 11 个和 9 个，根系则均为同龄实生苗的 2 倍，一年生的圆叶海棠扦插苗每株平均 20 厘米以上的须根可达 12 个。由于苹果营养系自根砧为无性繁殖，而无性繁殖具有变异小、整齐度高的特点，所以采用苹果自根苗建园整齐度较高。

三是栽植适应范围窄，抗逆性强。无性系砧木的抗性遗传比较稳定，但是适应范围较窄，一种砧木往往仅适应于栽植在特定的地区。但在适宜区域内苹果营养系自根砧苗耐病性强，抗寒、抗旱、抗盐碱地，据报道多数矮化自根砧如 M_{26}、M_7

和 MM_{106} 的适应性都较好，即使在较旱的地区也可以应用。营养系自根砧苹果苗长势优于实生砧的苹果苗，不同的地区可选取不同特性的苹果营养系自根砧栽植。

四是早果、质优、丰产。苹果营养系自根砧采用无性繁殖繁育，不需要经过从幼到老的成熟过程，因此极易成花。在对 M_{26} 矮化砧的研究中发现，与中间砧相比自根砧苗木可早结果 2 年，前 5 年的产量是中间砧嫁接树的 3 倍左右。M_{26} 营养系自根砧树的盛花期提早了 1～3 天，果实开始着色期提早了 10～15 天，采收期提前了 10～30 天。从实际生产来看，苹果营养系自根砧苗木的果实总产量要高于中间砧嫁接树，丰产潜力大，总体效益好。

二、依据砧木对树体大小的影响分类

1. 乔化砧木

嫁接品种接穗后树体生长较快而高大的砧木称乔化砧木，对品种原有的生长特性影响较小。乔化砧木的根系发达，固地性好，抗逆性强，生长健壮，嫁接后树体寿命长，生长较快而高大，进入结果期较晚，适合于立地条件较差的果园使用，是我国过去广泛采用的果树砧木。生产中既有实生乔化砧木（如山定子、海棠、杜梨等），也有无性系乔化砧木（如 M_{16}，M_{25} 等）。

2. 矮化砧木

嫁接品种接穗后树体生长缓慢而矮小的砧木称矮化砧木，它能够控制树体的营养生长，有促进提早开花和结果的作用。采用矮化砧有利于密植栽培，具有经济利用土地、早期经济效益高、便于管理等优点，适合于水肥条件较好的果园使用，可促进果树栽培向集约化、标准化、省力化管理方式发展，是当前国内外果树发展的大趋势，但是矮化砧木的寿命较短。依据矮化程度还分为矮化砧木和半矮化砧木，如苹果的 M_9、M_{26} 等，梨的中矮 1 号、榅桲等都属于矮化砧，矮化砧一般采用扦插、压条等无性繁殖的方式进行繁育。

三、依据砧木的利用形式分类

1. 本砧

本砧也称共砧，是指和接穗在植物学分类上为同一物种的砧木。本砧与接穗品种的亲缘关系近，嫁接亲和力强，成活率高，但本砧的实生苗变异率高，抗逆性较差，在生产中有逐渐被淘汰的趋势，核桃、板栗、荔枝、龙眼、枇杷等还常用本砧嫁接繁殖。生产中的高接换优其实也是一种本砧嫁接。需要注意的是，生产中有部分育苗者为降低育苗成本，从加工厂购买加工的副产品——如苹果、梨、山楂等的种子播种育苗，这些多为栽培品种的种子，这样育出的苗木抗性差，要坚决杜绝此现象。

2. 矮化自根砧

矮化自根砧在繁育过程中不经过种子阶段，通过无性繁殖，苗木生长个体差异小，整齐一致，在矮化自根砧上直接嫁接栽培品种，培育的苗木类型为矮化自根苗，利用砧木的影响控制树体大小，达到密栽、早果的目的，如苹果矮化砧 M_9、G_{41}、Pajam 1、T_{337} 等。世界苹果生产发达国家广泛采用矮化自根苗建立果园，园貌整齐，结果早，产量高，产品品质好。

3. 中间砧

指接穗（品种）和基砧之间又嫁接了一段另一种砧木，这段砧木叫中间砧，是砧木利用的一种形式，常将某些矮化砧作中间砧使用。这样既可保留基砧的优良特性，又能提高嫁接亲和力，克服矮化基砧固地性、抗逆性差的缺点。一株果树由根系、中间砧段和品种枝段三部分组成，常表述为"接穗/中间砧/基砧"。利用矮化砧进行集约化密植栽培是苹果生产发展的方向，目前我国苹果矮化栽培主要是利用矮化中间砧。中间砧要有一定的长度，不同长度中间砧均有矮化作用，且砧段越长，矮化效应越大，一般20厘米砧段长度即可达到理想的矮化效果，对于生长势强的品种，可再适当加长，对于生长势弱的品种，可酌情缩短。

二重嫁接或多重嫁接承载中间砧的带有根系的基部砧木，则称为根砧或基砧。

4.子苗砧

核桃子苗真叶展开前，幼茎粗壮，生长极为活跃，用其嫁接易成活，这类砧木称为子苗砧。子苗砧在嫁接成本、工效、苗木质量上均具有优势，在工厂化育苗上有广阔的应用前景。

第二节　不同果树的砧木介绍

我国果树种类繁多，不同种类的果树砧木也是多种多样，本书主要介绍北方果树中苹果、梨、葡萄、核桃、枣、桃、樱桃、柿等果树的砧木。一种果树有多种砧木，一种砧木有时也可嫁接多种果树，如牛筋条既可作苹果的砧木，也可做梨的砧木，且嫁接成活率高，矮化效应突出。

一、苹果

苹果的砧木种类繁多，生长特性多样，既有苹果属的海棠、山定子等实生砧木，也有 M 系、MM 系等无性系砧木。

（一）实生砧木

苹果实生砧木的种类繁多，不同地方所用的砧木也大不相同，生产中用实生砧木繁殖的苹果树数量最多（表 2-1），实生砧木还用于作嫁接中间砧的基砧。

表 2-1　苹果的实生砧木及特性

砧木	嫁接树生长特性及应用范围
西府海棠（*Malus micromalus*，包括四棱海棠、八棱海棠）	适应性强，较抗旱、耐涝、耐寒、抗盐碱，与苹果亲和力好，抗缺铁胁迫的能力较差，在石灰性土壤中易出现缺铁黄化现象。在黄河流域、东北各省应用广泛
山定子（*Malus accata*，山荆子、山丁子）	生长健壮，根系发达，抗旱、抗寒力强，可耐 $-50℃$ 的低温，生长结果良好，适合于山区。缺点是不耐盐碱，在碱性土壤上叶片易黄化，容易有"小脚"现象，在东北、华北应用
小金海棠（*Malus xiaojinesis*）	亲和性好，苗木生长健壮，具有一定的矮化效果。其根系发达，固地性好，耐瘠能力强；抗旱、耐涝、抗寒；压条繁殖生根容易，繁殖系数较高。在辽宁大连、兴城等地区可安全越冬
河南海棠（*Malus honansis*）	矮化效果与 B_9 近似，嫁接苹果有大脚现象，耐寒，抗抽条，适应性强，不耐盐碱和石灰性土壤

砧木	嫁接树生长特性及应用范围
变叶海棠（*Malus toringoides*）	嫁接亲和性好，嫁接苗生长健壮、叶片肥大、半矮化、早结果、丰产和果实品质优良，抗病性强
湖北海棠（*Malus hupehensis*）	无融合生殖系苹果砧木，且种子易繁殖，实生苗无病毒，同时具有矮化、半矮化、亲和力好、结果早、丰产、树形整齐度高、抗逆性强等特点，是苹果的优良砧木。抗根腐病、抗病毒病且耐涝性强
崂山奈子（*Malus prunifolia*）	嫁接树矮小，结果早、上色好，寿命长，稳产，可做苹果的矮化砧
陇东海棠（*Malus kansuensis*）	适应性强，抗寒，抗旱，嫁接苹果具有矮化现象，结果较早
牛筋条（*Dichotomanthes tristaniaecarpa*）	矮化树体，能提早结果，既能抗旱又有抗病虫能力
平邑甜茶（*Malus hupehensis* var. *pingyiensis*）	典型的三倍体无融合生殖类型，苗木高度整齐
楸子（*Mulus prunifolia*）	出苗率较高，嫁接亲和力良好，生长快，抗寒、抗旱，也抗腐烂病、苹果绵蚜和根头癌肿病
新疆野苹果（*Malus sievesii*）	环境适应能力强，具有抗寒性强、耐虫、耐病、耐旱等优良性状，能够为果树生产和遗传育种提供大量的抗逆性强的种苗和基因资源，并在栽培苹果的起源演化中占有重要地位

生产中还有许多砧木可以嫁接苹果并成活，但应用较少，如杜梨、山楂、水枸子等。

（二）矮化砧木

实生苗的变异较大，选择无性繁殖的砧木也是科研工作的重点，公元 17 世纪，法国以'乐园''道生'为砧木，进行苹果栽培生产，1917 年英国东茂林试验站把矮化砧系加以编号，形成了 M 系砧木，1928 年英国东茂林试验站和约翰·英斯园艺研究所又共同培育成 MM 系砧木。利用矮化砧木进行矮化密植栽培是世界各国普遍采用的致矮途径，矮化砧木具有致矮基因，可使树体终生矮小，结果早、产量高。目前我国应用最多的矮化砧木是 M_{26}，约占矮化砧应用比例的 70%，主要分布在陕西、山东和河南部分地区，其次是 SH 系优良类型，如'SH_{40}''SH_6'和'SH_1'，主要应用在河南省、山西省和北京地区，总应用面积占矮化苹果总面积的 15%～20%；再次为'GM256'，主要在我国北方寒冷地区应用，约占矮化苹果总面积的 5%；除此之外'M_9'及其他各种砧木占矮化苹果总面积的 5%～10%。目前我国矮化砧利用方式以矮化中间砧为主，约占 95%，矮化自根砧极少。基砧主要有'八棱海棠''新疆野苹果''楸子''山定子'和'平邑甜茶'。

矮化苹果苗木有两种，一种是将苹果的枝或芽嫁接到矮化自根砧上培育成的苗木，称为矮化砧苹果苗，另一种是将矮化砧的枝或芽嫁接到实生砧上，再在矮化砧上嫁接苹果品种的枝或芽培育成苗木，称为矮化中间砧苹果苗。矮化中间砧苹果苗是由"乔砧＋矮化砧＋品种"组成的，比矮化自根砧苹果苗多一道嫁接工序，多为三年成苗出圃。生产中常用的苹果矮化砧木见表 2-2。

表 2-2　生产中常用的苹果矮化砧木

矮化砧	利用方式	矮化效果	主要特性及用途
M_{27}	自根砧	极矮化	嫁接苹果树高仅 1.5 米,抗病毒能力强,早果丰产,适于高密度栽培
M_9	中间砧	矮化	嫁接苹果树高 2～2.5 米,定植后 1～2 年结果,寿命约 25 年。比一般品种开花早,果实成熟也早。嫁接后有"大脚"现象
M_{26}	自根砧	矮化	嫁接苹果树体高度介于 M_9 与 M_7 之间,产量、树势、固地性比嫁接在 M_9 上的好,比 M_7 砧上的早结果和早成熟。有"大脚"现象
M_7	自根砧	半矮化	嫁接苹果树高 3 米左右,呈半矮化状态,定植后 3～4 年结果,能早期丰产
MM_{106}	中间砧	半矮化	嫁接苹果树高度和产量在 M_9 和 M_7 之间,果实成熟比 M_7 上的早
P 系	自根砧	极矮化	有耐寒和抗颈腐病的特性,但不抗火疫病和苹果绵蚜
B 系	自根砧	矮化	耐寒性好,其根系可耐－12℃低温
CG 系	中间砧	—	CG_{10}、CG_{23}、CG_{24}、CG_{26}、CG_{47}、CG_{80} 为矮化砧,CG_5、CG_{55}、CG_{62} 为半矮化砧。干性强,与富士品种嫁接亲和性好
MAC 系	自根砧	—	MAC_1、MAC_{16}、MAC_{24}、MAC_{30}、MAC_{36} 为半矮化砧,MAC_4、MAC_9、MAC_{10}、MAC_{25}、MAC_{39}、MAC_{46} 为矮化砧
S 系	中间砧	—	S_{63}、S_{64} 为半矮化砧,S_{19}、S_{20} 为矮化砧,S_5、S_{21} 为极矮化砧。S 系抗寒、抗旱性强

矮化砧	利用方式	矮化效果	主要特性及用途
Y 系	自根砧	—	结果早,矮化、抗逆性强
SH 系	中间砧	—	树体矮化、半矮化或极矮化,砧穗亲和性好,开花结果早,易成花,早期丰产性能强,抗逆性强、适应性广,综合表现好的品系有 SH_1、SH_6、SH_{40} 等。SH 系矮化中间砧入土后不生根,无明显的大小脚现象,可在我国大部分苹果主产区栽培 半矮化:SH_3、SH_7、SH_{15}、SH_{22}、SH_{24}、SH_{29}、SH_{32} 矮化:SH_5、SH_6、SH_9、SH_{10}、SH_{12}、SH_{17}、SH_{38}、SH_{40} 极矮化:SH_4、SH_5、SH_{21}
CX 系	中间砧	—	CX_3 为中间砧,抗旱能力、越冬性优于 M_{26};CX_4 为矮化砧,树势中庸偏弱;CX_5 具有嫁接亲和性好、结果早、丰产等优点

（三）抗性砧木

1. 平邑甜茶（*Malus hupehensis*）

平邑甜茶为蔷薇科苹果属植物,属湖北海棠类,是典型的自发无融合生殖类型,可通过种子实生繁殖。平邑甜茶对苹果根腐病、白粉病、白绢病、白纹羽病、褐斑病及苹果绵蚜具有天然抗性,适于多雨潮湿的地区栽培,抗涝、耐盐碱、抗寒、抗旱、耐瘠薄,适应性很强,是一种优良苹果砧木。平邑甜茶和大多数苹果新品种嫁接亲和性好、不传染病毒、生长势强,早果丰产性好,是偏碱性土壤和北方寒冷地区利用价值较高的苹果砧木资源。

2. GM256 （*Malus domestica* **Borkh**）

吉林省农业科学研究院选育，半矮化砧，具有亲和性好、结果早、丰产等优点，抗寒能力超强，可耐－40℃低温，适应性强，且抗腐烂病、黑星病及早期落叶病等多种病害。

3. 中砧一号

具有无融合生殖能力，可实生繁殖，根系发达，主根分布较深，耐旱性、抗寒性强，且非常适合芽接，与苹果栽培品种嫁接亲和性好，无大、小脚现象，无气生根和气生疣瘤，嫁接口愈合平滑、坚固，无膨大增生现象。以'中砧一号'为砧木嫁接红富士，表现树体紧凑、树势中庸。'中砧一号'对果树落叶病和枝干轮纹病均有较强的抗性。

4. 烟砧一号

烟台市农业科学研究院果树研究所从'鸡冠'品种自然杂交实生苗中选育而成，用其作高干中间砧，能显著提高'富士'品种对苹果轮纹病的抗性，是高抗苹果轮纹病的宝贵资源。

另外，杨华等（2015）对55份野生苹果资源和18份砧木进行了抗苹果轮纹病的鉴定，发现高抗苹果轮纹病砧木3份（134-10、MM_{106}、LS3），高抗苹果轮纹病野生资源7份（海棠花、扎矮、锅金海棠、楸子、小叶子、兴山湖北海棠、塞威氏苹果）。

二、梨

1. 杜梨 （*Pyrus betulaefolia*）

杜梨为我国应用最广泛的砧木，与栽培梨的嫁接亲和性均好，根系发达，须根多，生长旺，结果早，对土壤适应性较强，抗旱、耐涝、耐盐、耐碱、耐酸。耐寒性强，在北方表现好，在南方不及砂梨、豆梨。

2. 豆梨 (*Pyrus calleryana*)

豆梨适于温暖湿润气候，喜光，稍耐阴，耐寒，耐干旱和瘠薄，对土壤要求不严，在碱性土壤中也能生长。豆梨与砂梨、白梨和西洋梨品种的亲和力强，对腐烂病的抵抗力强，耐涝，耐旱耐盐碱力略差于杜梨。长江流域及以南地区广泛应用。豆梨抗西洋梨火疫病，曾被引种到美国以挽救西洋梨。

3. 秋子梨 (*Pyrus ussuriensis*)

秋子梨特别耐寒、耐旱，根系发达，适宜在山地生长。东北三省、内蒙古、陕西、山西等寒地梨区广泛应用，但在温暖湿润的南方不适应。所嫁接的品种植株高大、寿命长、丰产，抗腐烂病，与西洋梨的亲和力较弱。

4. 木梨

木梨产于我国西北的甘肃、宁夏、青海等省、自治区，是西北各省、自治区梨的主要砧木，与秋子梨、新疆梨、西洋梨等系统的栽培品种嫁接亲和力强。木梨适应性强，喜冷凉气候，较耐寒，抗旱，抗病虫害，生长旺盛、树体高大、寿命长、但结果晚，种子较少，根蘖多，根系深广。对腐烂病抵抗力较弱。

5. 榅桲 (*Cydonia vulgaris*)

西洋梨用榅桲作砧木，嫁接后有矮化、结果早、品质好、丰产等优点。苏联的研究者认为用无性繁殖的普通榅桲作为砧木，有矮化效应且结果较早，而如果用榅桲实生苗嫁接梨树，则结实早晚不一，矮化效应差。榅桲与西洋梨嫁接亲和性好，新疆梨次之，白梨较差，砂梨最差。我国主栽的东方梨品种与榅桲亲和性差，且抗寒性、抗病性和适应性较差，易产生缺铁黄化现象，榅桲不适合在我国大面积推广。美国、德国、加拿大等国在生产上应用最多的是榅桲 A、榅桲 B 和榅桲 C 3 种榅桲砧木，榅桲 C 为矮化砧，榅桲 B 为半矮化砧。榅桲类砧木还有 MA、Adams、BA29、Sydo、云南榅桲、阳城榅桲等。

6. 中矮 1 号

中矮 1 号（S_2）是中国农业科学院果树研究所选育的优良梨属矮化砧木，1980 年从'锦香'梨的实生后代中选出，为紧凑型矮化砧，抗寒力中等，抗腐烂病和枝干轮纹病，作梨的矮化中间砧效果好，与东方梨和西洋梨嫁接亲和性均好。另外还有中矮 2 号（PDR_{54}）、中矮 3 号、中矮 4 号等，均具有矮化作用。

7. 哈代

哈代是梨的一个品种，可以用作梨的中间砧，与榅桲和西洋梨有良好的亲和力。哈代与中国梨也有一定的亲和力，河北邯郸、北京通县（现北京市通州区）等以云南榅桲作基砧，哈代为中间砧嫁接中国梨，亲和性良好，植株矮化、早结果、早丰产、果实品质好，产量高，适合密植栽培。

8. K 系

山西省农科院果树研究所选出，包括 K_{13}、K_{19}、K_{21}、K_{28}、K_{30}、K_{31} 等，具有砧穗亲和、易繁殖、适应性和抗逆性强等优点，使嫁接品种树体矮化、树冠紧凑、开花结果早、丰产、优质。K 系矮化砧木压条繁殖容易，可用作自根砧或中间砧，嫁接白梨系统品种最好，抗干旱、抗寒，在土壤瘠薄、pH 值 7.8 的石灰性土壤上，生长发育正常，适于西北和华北的大部分地区应用。

梨树矮化中间砧栽培试验表明，矮化程度以 PDR_{54} 最高，K_{30}、K_{11}、S_5 次之；早果性 K_{30} 最好，PDR_{54}、K_{11}、S_5 次之，

矮化栽培后，果实成熟期提前 9～15 天，可溶性固形物提高
8.9％～24.8％；K_{30}、K_{11}、S_5 矮化程度中等，适于做梨的矮
化中间砧，并特别适合盆栽。S_2、S_3 和 PDR_{54} 中间砧早酥梨
树表现了良好的早期丰产性和矮化性能，可在我国梨树生产中
推广应用。PDR_{54} 和 S_2 两个矮化砧木抗枝干腐烂病和轮纹病。
K 系梨矮化砧嫁接酥梨、74-7-8 梨和黄金梨，树高为乔砧的一
半，砧穗亲和性好，且抗性强、早期丰产、果实品质好。水晶
梨、红巴梨品种嫁接在 K 系梨属矮化砧上，树体更矮，果实品
质和含糖量明显提高。

三、葡萄

1. 贝达

原产美国，为美洲葡萄与河岸葡萄杂交后代。生长旺盛，
根系发达，易繁殖，嫁接亲和性好，适应范围广，抗寒性强，
早年引入我国，在东北及华北北部地区做抗寒砧木栽培。

2. 塘尾葡萄（*Vitis davidii*）

别名刺葡萄、塘尾刺葡萄，原产我国。江西玉山县群众从
野生刺葡萄中选出的两性花类型，主要分布在江西玉山县一
带。抗病、抗湿，可作鲜食品种和南方抗湿砧木。

3. 山葡萄（*Vitis amurensis*）

最抗寒砧木之一，扦插生根比较困难，实生苗发育缓慢，
根系不发达，须根少，移栽成活率较低。

4. SO4

枝条扦插易生根，根系发育好，对土壤适应范围广，耐旱
耐湿性强，抗寒，耐石灰质土壤，并抗根癌、根瘤蚜、根结
线虫。

5. 河岸葡萄 (*Vitis riparia* Michx)

原产北美东部，野生于密西西比河两岸的森林等潮湿地带。抗寒力强，抗真菌病害和抗根瘤蚜的能力很强，耐湿和耐酸性土壤，而抗旱性较弱。生长周期短，发根容易，易繁殖，为矮化砧木。适合于南方多雨地区和地势低洼地区发展。

6. 沙地葡萄 (*Vitis rupestris* Scheele)

原产美国中部和南部的砂砾干燥地区。抗根瘤蚜和抗病力很强，抗寒且耐旱。嫁接后树体健壮，为乔化砧木，可使葡萄生产向荒山荒坡及干旱地区发展，还可避免一些检疫性病虫危害。

7. 冬葡萄 (*Vitis berlandieri* Planchon)

原产美国南部和墨西哥北部，生长于干燥的山坡和山顶上。抗旱、抗根瘤蚜和抗真菌能力强，最耐石灰质土壤，在欧洲是非常重要的砧木。

其他葡萄砧木还有华东葡萄 (*Vitis pseudoreticulata* Wang)、秋葡萄 (*Vitis romaneti* Romanet et Caillard)、毛葡萄 (*Vitis quinquangularis* Relder)、香宾尼葡萄 (抗旱)、圆叶葡萄 (抗根瘤蚜能力强)、美洲葡萄 (抗寒耐高温) 等。葡萄许多砧木都是通过种间杂交后培育而来的，如 1613、101-14、420A、8B、华佳 8 号、225Ru、1103P、5BB、5C、775 等，具有更好的抗性。另外，葡萄砧木还有 140R、3309C、99R、110R、华葡 1 号、34E. M、Lot、抗砧 3 号、山河 1 号、1202、5A、520A 等。

四、核桃

目前国内核桃良种化进程较快，绝大多数地区都已经实现了用嫁接方法来繁育苗木，常用的砧木类型有普通核桃、铁核桃、核桃楸、麻核桃等，用枫杨嫁接核桃虽然也可以成活，但成活后后期生长不良，不适宜在生产中推广。

1. 普通核桃（*Juglans regia*）

我国北方地区生产的核桃，几乎全是普通核桃，用普通核桃作砧木嫁接优种核桃（泡核桃除外），习惯称之为"共砧"或"本砧"。在我国北方核桃产区普遍应用的砧木，一般是品质较差的夹核桃或绵核桃等品种，不用早实类型的薄壳核桃。本砧亲和力强，接口易愈合，嫁接成活率高，苗木生长旺盛，生长结果良好，不会出现早衰现象。同时普通核桃作砧木还有抗黑线病的能力。

2. 铁核桃（*Juglans sigllata*）

云南、贵州两省常用，应用历史较长，与泡核桃是同一个种的两个类型，坚果壳厚而硬，出仁率低（20%～30%），一般不作为果品。嫁接泡核桃的成活率高，是泡核桃、娘青核桃、三台核桃、大白壳核桃、细香核桃等优良品种的砧木，对土壤类型和土壤酸碱度适应性强，耐湿热气候，侧根发达，适宜在低纬度高海拔的西南地区作砧木，但不耐严寒，北方地区不宜使用。

3. 核桃楸（*Juglans mandshurica*）

耐寒，耐旱，耐瘠薄，是核桃属中最耐寒的一个种，可作为普通核桃的抗寒砧木，扩大其栽培范围，适宜于东北、华北、西北地区。亲和性不如普通核桃，嫁接成活率和保存率都不如核桃本砧高，大树高接时易出现"小脚"现象。

4. 麻核桃（*Juglans hopeiensis*）

胡桃科核桃属，落叶乔木，与普通核桃嫁接亲和力强，耐寒。

近年来，核桃砧木的选育取得了一定进展，选出了晋 RS-1 系、晋 RS-2 系、晋 RS-3 系、185 等，这些砧木为实生播种的砧木，不是营养系砧木。杂交种有中宁异、中宁强、中宁齐等。美国核桃的主栽品种是强特勒（普通核桃），常用的砧木是不同种的函兹核桃（*J. hindsii*）、加州核桃（*J. californica*）、黑核桃（*J. nigra*）以及它们的杂交种。VX211 为普通核桃和函兹核桃的杂交种，生长势强，对线虫抗性强，该品种通过微繁获得的种苗作为最好的核桃砧木在美国进行推广。RX1 是得克萨斯黑核桃和普通核桃的杂交种，它的显著特性是抗根腐和冠腐病，小苗时相对长得小，但是嫁接后长势很强，主要在有疫霉菌的地区通过微繁无性系进行推广。Vlach（威雷池）属奇异核桃砧木，目前没有推广，该品种和 VX211 一样生长势强，但是不太抗线虫。

五、枣

1. 酸枣（*Ziziphus jujuba* var. *spinosa*）

酸枣是枣的重要砧木资源，酸枣分布区域比枣的栽培范围广，其类型复杂多样。酸枣具有耐旱、耐瘠薄、适应性强的优点。

2. 枣（*Ziziphus jujuba*）

枣树的本砧来源主要是根蘖苗，也有扦插苗和实生苗，枣树容易产生根蘖，生产中常将品种混乱的根蘖苗归圃后嫁接品种，具有亲和力高、嫁接成活率高的特点。如用'梨枣''金丝小枣''水枣'根蘖苗嫁接'冬枣'。生产中有些枣品种种子含仁率高，能够实生播种，可用作砧木。

3. 铜钱树 (*Paliurus hemsleyanus*)

铜钱树为鼠李科马甲子属植物，主要分布于湖北、湖南、四川、陕西、安徽、江苏等地。中国科学院南京中山植物园在 20 世纪 50 年代进行的枣砧木试验中发现铜钱树与枣有良好的亲和力，嫁接容易成活，嫁接苗有生长快、根系发达、抗病性强、结果早、产量高、对枣果品质无不良影响等优点。适宜在长江以南地区应用，不抗寒，在北方不能越冬。有试验表明铜钱树砧枣树对枣疯病有较强的抗性。

4. 滇刺枣 (*Ziziphus mauritiana*)

鼠李科枣属植物，原产于小亚细亚南部、北非和印度一带，我国主要分布在南方各省，云南省以金沙江和红河流域较多。滇刺枣为阳性树种，野生滇刺枣多生长在热带或亚热带稀树草丛中，对土壤的要求不严，耐旱和耐瘠薄能力较强。在云南，滇刺枣一般播种半年即可进行嫁接，一年半可以出圃，嫁接金丝新 4 号、梨枣、赞皇大枣、沾化冬枣等品种，成活率都在 95％以上。滇刺枣抗逆性强，根系发达，嫁接枣树后生长速度快，一般是酸枣砧枣树的 2～3 倍。滇刺枣嫁接枣树还有开始结果早、进入丰产期早、果实品质好、果实成熟期早等优点。

六、桃

1. 毛桃 (*Prunus persica*)

毛桃适应性广，既适应温暖多雨的南方气候，也适应西北干旱区，耐旱力和耐寒力亦强，毛桃与桃嫁接亲和力强，接后生长势强，根系发达，寿命比山桃砧长，但在积水地生长不良。毛桃对北方根结线虫具有极强的抗侵染和抗发育能力。寿星桃（*Prunus persica* var. *densa*）植株矮小，根系浅，可作为观赏桃和栽培桃的矮化砧木。

2. 山桃（*Prunus davidiana*）

山桃性喜光，喜排水良好土壤，耐旱，怕涝，耐寒，嫁接桃后可提高桃的抗逆性和适应能力，山桃是嫁接桃品种唯一的抗寒、抗旱砧木。适宜在光照好、通风和排水良好的地方种植，土壤以中性至微碱性的沙质壤土最为适宜，在黏重土壤上容易产生流胶病。

3. 毛樱桃（*Prunus tomenlosa*）

毛樱桃抗逆性强，尤其是抗旱、抗寒性强，耐瘠薄能力强，生长健壮。作为桃的矮化砧木，矮化作用明显，适于主干树形，根系不耐湿，对除草剂敏感。毛樱桃是加拿大应用的最早，日本应用较多的矮化砧木。实生毛樱桃作桃的砧木时，树体整齐度差，且常有死株现象，必须加强土肥水管理，方能获得理想效果。

桃营养系砧木筑波1～6号，为寿星桃与'赤芽'桃的杂交品种，具有抗线虫能力。GF 677、GF 43、黑姑娘具有较强的抗线虫和抗涝能力，GF 677抗重茬。'中桃砧1号'与野生山桃、毛桃相比，根系发达、苗木整齐、健壮，与桃、油桃等嫁接亲和性好，最突出的特点是对再植障碍具有较强的抗性，既可用种子繁殖，也可扦插或组培繁殖。

其他如甘肃桃、陕甘山桃、光核桃、新疆桃、扁桃、李、杏、欧李等均可作桃的砧木。生产上的桃树砧木主要用毛桃和山桃，也有用甘肃桃和陕甘山桃的，杏、李、毛樱桃和欧李作桃树的砧木或矮化砧木，主要用作盆栽和设施栽培，数量极少。

七、樱桃

1.吉塞拉系列（Gisela）

1965 年德国 Justus Liebig 大学果树研究所用欧洲酸樱桃（*P. cerasus*）×灰毛叶樱桃（*P. caneseens*）进行杂交，选育出 25 个"Giessen"砧木，也叫 Gisela，中国称吉塞拉系列，最有价值的砧木品种（系）Gisela 5、Gisela 6、Gisela 7、Gisela 9、Gisela 11、Gisela 12。Gisela 系列砧木品种（系）的共同特点是与欧洲甜樱桃品种嫁接亲和力强，对土壤适应性广，且非常适于在黏重土壤栽培，这些砧木品种（系）的抗寒性都优于马扎德 $F_{12/1}$ 和考特，对根癌病有较好的抗性。其中 Gisela 5、Gisela 6、Gisela 12 还耐多种病毒病和细菌性溃疡病，但从抗李矮缩病毒和李环斑坏死病毒来说，Gisela 系列不如马扎德、马哈利和考特。这些砧木品种（系）作砧木，嫁接甜樱桃品种早结果、早丰产，嫁接苗在定植后第 2 年结果，第 4～5 年丰产。Gisela 系列中表现最优秀、在国外种植最广泛、国内已引进推广的是 Gisela 5 和 Gisela 6。Gisela 5 和 Gisela 6 对土壤肥力和水肥管理水平要求很高，否则容易发生早衰。

2.马哈利（Mahaleb）

马哈利一年生苗木地上部分易越冬、抽条少，根系抗寒力强，在－23℃的土温中亦无冻害。根系发达，耐旱、不耐涝。适合在轻壤土中栽培，在黏重土壤中生长不良，不宜在背阴、干燥或无灌溉条件下栽培，其根系容易受蛴螬为害，必须做好蛴螬的防治工作。苗木根系发达，固地性好，抗风，不易倒伏。马哈利嫁接红灯、早大果、那翁甜樱桃的亲和力强，未见到大小脚现象，表现树体矮化、结果早、产量高、果实味甜，抗逆性强等特点。马哈利与甜樱桃的某些品种如莫莉和心（Heart）的嫁接树寿命很短，有延后不亲和的现象。马哈利对根腐病敏感。

3. 考特（*C. avium* cv. colt）

1958年英国东茂林试验站用甜樱桃和中国樱桃杂交，培育成世界第一个甜樱桃半矮化砧，发表于20世纪70年代。该砧木与甜樱桃的嫁接亲和性极好，其矮化作用在不同地方表现不同，在英国其嫁接树的生长量大约是马扎德营养系 $F_{12/1}$ 嫁接树的2/3，但在美国、意大利则不显其矮化作用，而其在早果性和丰产性方面的表现是值得肯定的。其缺点是抗寒性差，且在土层浅、干旱和高钙土壤上表现黄化和生长不良。

4. 大青叶（*C. pseudocerasus* cv. caoying）

中国樱桃，嫁接树生长旺，树体高大，进入结果期较晚，在 pH 8 以上的土壤中易出现黄化，抗寒力较差。该砧木繁殖容易，播种、分株、扦插皆可，与甜樱桃嫁接亲和力强，芽接或枝接成活率高，植株健壮丰产，苗木及成龄树适应性强，生长良好，抗病虫害能力强。但中国樱桃种子贮藏困难，发芽率低，实生苗病毒病严重；嫁接树不抗涝，耐寒力较弱，抗逆性差，花期常受冻害；根系浅，雨季大风时容易倒伏，土壤黏重时嫁接部位容易流胶。

其他樱桃砧木有 M×M 系列（Ma×Ma）、GM（Gembloux）系列、Pi-Ku 系列、山樱桃、北京对樱、兰丁2号、青肤樱、酸樱桃、本溪山樱、莱阳矮樱、毛樱桃、滕州红樱、樱砧王、CDR-1、ZY-1 等。

八、柿

柿的砧木有君迁子（*Diospyros lotus*）、油柿（*Diospy-*

ros oleifera)、野柿（*Diospyros kaki* var. *silvestris*）、浙江柿（*Diospyros glaucifolia*）、美洲柿（*Diospyros virginiana*）、柿（*Diospyros kaki*）等。胡梦珏（2016）证实原产于湖北大别山区的"小果甜柿"和"牛眼柿"作砧木时与甜柿'富有''次郎'的嫁接亲和性较君迁子为佳，可望作为完全甜柿的亲和砧木加以推广。"小果甜柿"和"牛眼柿"从分类地位上看属于柿（*Diospyros kaki*）这一个种。有研究表明君迁子并非甜柿'富有'的最佳砧木，在嫁接'富有'时应选择'次郎''禅寺丸'、浙江柿和湖北野柿等作为砧木。

广西月柿的常用砧木有短柄粉叶柿（高子）、山柿（中子）、油柿（毛柿）等，不同砧木与月柿嫁接，表现大不相同。短柄粉叶柿与月柿嫁接亲和性好，嫁接苗生长快，苗木须根多，移栽成活率高，树冠扩大快，但抗寒性能差、不耐湿涝、抗病力弱、不耐氮肥、果实小、成熟迟、不宜密植栽培。山柿与月柿嫁接亲和性良好，嫁接苗生长势中庸，山柿砧嫁接苗早结果、丰产、稳产、果大、成熟早，往往不施行环剥也能坐果。油柿与月柿亲和性中等，嫁接苗生长势、抗性、结果性能均与山柿砧相似。

第三节　砧木的适应性与区域化

利用砧木来嫁接果树品种，可充分利用砧木的特性，在生产中要根据不同的地域环境特征选择合适的砧木。

一、砧木的适应性

1. 对低温的适应性

不同砧木种类对低温的适应性与砧木种类的原产地和长期自然选择有关。如以山定子为砧木嫁接苹果，嫁接树可以忍耐 $-40℃$ 左右的低温；枳作柑橘砧木，在 $-7\sim-5℃$ 低温下，嫁接树受害率仅为 10.8%。

2. 对干旱的适应性

主要与原产地生态条件和砧木的根系发育程度有关。凡根系分布较深而广的，抵御干旱的能力也较强，如山定子、山桃、山杏、扁桃、杜梨、核桃楸、枳橙、红藜檬等。

3. 对水涝的适应性

不同种类砧木的根系对水涝的适应能力差别悬殊，如毛桃比山桃耐涝力强；以海棠果、平顶海棠作苹果砧木有较强的耐涝能力。

4. 对盐碱的适应性

苹果砧木中小金海棠、八棱海棠、湖北海棠、益都林檎、新疆野苹果等均表现较强的耐盐碱力，山定子在盐碱地中则易出现失绿症。

5. 对病虫害抵抗能力

如利用圆叶海棠、君袖苹果和 MM 系抵抗苹果绵蚜，用河岸葡萄和沙地葡萄作砧木抗根瘤蚜。

二、砧木区域化

发展果树生产的区域内，根据当地生态环境条件，注意选用适宜的果树砧木，充分发挥果树的生物学特性，达到高产、优质、高效和低成本的目的。砧木区域化的原则是"因地制宜，适地适树，就地取材，育种和引种相结合，经过长期试验比较确定当地适宜的砧木种类。"如苹果砧木已由本砧发展为适于各地气候条件的八棱海棠（华北中南部）、山定子（东北、华北北部）、楸子（西北地区）、塞威士苹果（新疆、华北）等苹果近缘种和野生种。

三、砧木的选择

一种果树有许多种砧木可以利用，在生产中应该选用哪一种砧木，是需要认真考虑的问题。但是在生产实际中往往注重品种的选择而不注意砧木的选择，给后期的管理带来麻烦，导致建园失败。如密植园必须选用短枝型品种或者矮化砧的苗木，然后选用相应的树形。生产中以乔化砧嫁接普通型品种按照矮化密植的标准建园的很多，导致树冠很快郁闭。砧木还对接穗的光合作用、抗逆性等都有一定的影响，在选择砧木时要引起重视。果树砧木种类繁多，在育苗时要选择适宜的砧木种类，优良的砧木应具备以下条件。

① 对当地风土气候适应性强，根系发达，生长健壮。

② 繁殖容易，砧木苗生长整齐，嫁接树一致性强。

③ 与品种接穗有良好的亲和性，愈合良好，成活率高。

④ 有利于品种接穗生长和结果，或能提早结果，增进品质，丰产性好。

⑤ 具有抗病虫危害、抗寒、抗盐碱能力或能控制树体生长等特性。特别是苗期和根系对病害具有较强的抵抗能力。

⑥ 矮化砧还要求矮化效果好。

生产实践中，即使是同一果树种类，但是品种不同时，其最适宜的砧木也并不相同，因此在选择砧木时要多方查证，对一些资料介绍的特殊砧木要小面积试用后再决定是否大量发展。有资料介绍，桃品种'7130 矮桃'最理想的砧木为李，用山桃、毛桃、毛樱桃、山杏、杏等嫁接'7130 矮桃'效果均不如李。

第四节　砧木的繁殖方法

砧木的繁殖可分为实生繁殖和无性繁殖两大类。实生繁殖是最常用的繁殖方法，实生苗主根强大，根系发达，适应能力强，后代分离明显，有些砧木经实生繁殖后会丧失本身的一些特性，不易保持母本的优良性状和个体间的相对一致性。无性繁殖的砧木变异小，群体一致性较好，是砧木繁殖的发展方向，无性繁殖的方法较多，有扦插、压条、分株、组织培养等。

无融合生殖是种子发育过程中不经过完全的有性过程就能产生种子，所以它实际上是一种特殊的无性繁殖，柑橘、核桃、海棠等有一定的无融合生殖能力。因为是无融合生殖，所以其种子的基因型与母本完全一致，在繁育砧木时，后代表现型也一致，苗木整齐度高。柑橘类中的珠心胚属于无融合生殖胚。苹果属中的湖北海棠（*Malus hupehensis*）、锡金海棠（*Malus sikkimensis*）、扁果海棠（*Malus platycarpa*）、变叶海棠（*Malus toringoides*）、沙氏海棠（*Malus sargenti*）和三叶海棠（*Malus sieboldii*）中都有无融合生殖现象，现在苹果育苗时就常用具有无融合生殖特性的平邑甜茶作为砧木。

一、播种繁殖

实生播种是繁育砧木苗最常用的方法，常用播种繁育的砧木有海棠、杜梨、酸枣、核桃、山桃等。

（一）苗圃地的选择与准备

1.苗圃地的选择

选择苗圃地时要求土层深厚，土壤有机质含量高，地下水位低，盐碱含量低，背风向阳，以沙壤土或轻黏土为宜。苗圃地要有灌溉条件，旱能灌，涝能排。同时注意前茬作物，很多果树不能重茬，更不能连茬，需要种植其他作物5～8年以后才可以重新种同一种果树砧木，重茬的苗圃地病害严重，苗木生长受到影响，很难进行防治。

2.苗圃地的准备

苗圃地在秋季深耕20～25厘米，深翻前施入以有机肥为主的基肥，亩（1亩≈667平方米）施农家肥4000～5000千克，混入过磷酸钙50千克。深耕后不需要耙平，以便利用冬季的阳光和雨雪进行"冻垡"，促进土壤熟化。春季播种前再浅耕一次，耙平，做畦，然后播种。

（二）种子的采集与贮藏

1.种子的采集

无论繁殖实生果苗或砧木苗，均应注意选择品种纯正、砧木类型一致，生长健壮的无严重病虫害的植株作为采种母树。同时还应注意母树的丰产性、优质性、抗逆性。种子必须在充分成熟时采集（表2-3）。生产中大多数是从野生的群体中采集砧木种子的，如海棠、山定子、杜梨、毛桃、山杏、君迁子等，也有从生产中的品种中采集种子的，如核桃。

表 2-3　北方主要果树砧木种子采集时期

采种时期	砧木种类
6 月	山杏、毛樱桃
7 月	山桃、毛桃、山杏
8 月	榛子、葡萄、山桃、毛桃
9 月	酸枣、板栗、榛子、核桃、核桃楸、山定子、海棠、杜梨、山楂
10 月	君迁子、板栗、山定子、海棠、杜梨、山楂、
11 月	板栗

从母株上采集完全成熟的果实，去掉果肉，筛选分级，种子要精选，保证纯度、净度、发芽率等。酸枣、毛桃、山杏等的种壳较厚，不容易吸水，一般需要去掉种壳，播种"种仁"，即不带硬壳的种子。注意板栗、樱桃的种子不能干藏，需采集后尽快播种。砧木种子采收后不能放在水泥地面、石板或铁板上曝晒，以免因受高温危害而降低种子生活力，最好的方法是阴干，在通风、遮阴的土质地面上进行晾晒或者风干。

2. 种子的贮藏

（1）种子的休眠特性　北方落叶果树的种子大都有自然休眠特性，南方常绿果树种子则无明显的休眠期或休眠期很短。果树种子在休眠期间，经过外部条件的作用，使种子内部发生一系列生理、生化变化，从而进入萌发状态，这一过程称为种子后熟阶段。造成种子休眠的主要原因如下。

① 种胚发育不完全，如银杏、桃、杏早熟品种等。

② 种皮或果皮的结构障碍，如山楂、桃、橄榄及葡萄的

种子虽已成熟，但因其种壳坚硬、致密、具有蜡质或革质种皮，不易透水和透气而妨碍种子吸水膨胀和气体交换，造成发芽困难而处于休眠状态。

③ 种胚尚未通过后熟过程，苹果、梨、桃、杏等许多温带果树种子成熟以后，需要在低温、通气和一定湿度条件下，经过一定时间才能通过后熟过程。

（2）干藏　有些种子，如核桃没有后熟阶段，种子可不经后熟就能正常萌发。一般是将晾干的核桃装入麻袋中，放在通风、背阴、干燥的房间或地下室即可，贮藏期间要定期检查防止鼠害。有条件的地方可放在0℃的气调库或冷库中，少量的种子也可保存在冰箱的冷藏室。

贮藏中影响种子生理活动的主要因素是种子的含水量、温度、湿度和通气状况。多数果树种子的安全含水量和充分风干的含水量大致相等。如海棠果、杜梨等干燥种子含水量在13％～16％；板栗、银杏、柑橘、龙眼、荔枝等种子则需保持30％～40％的含水量。贮藏期间的空气相对湿度宜保持在50％～80％，气温0～8℃为宜。大量贮藏种子时应注意种子堆内的通气状况，通气不良时加剧种子的无氧呼吸，积累大量的二氧化碳，使种子中毒。贮藏方法因树种不同而异，落叶果树的大多数树种种子在充分阴干后贮藏，板栗、甜樱桃、银杏和绝大多数常绿果树的种子，采种后必须立即播种或湿藏，才能保持种子的生活力。

（3）层积处理　是人为创造适宜的环境条件，促使果树种子完成种胚的后熟过程和解除休眠促进萌发的一项措施。因处理时常以河沙为基质与种子分层放置，故又称沙藏处理。层积处理多在秋、冬季节进行。多数落叶果树种子需要在2～7℃的低温、基质湿润和氧气充足的条件下，经过一定时间完成其后熟阶段。层积有效最低温度为－5℃，有效最高温度为17℃，超过上限或下限，种子不能通过后熟而转入二次休眠。种子层积需要良好的通气条件，降低氧气浓度也会导致二次休眠。

层积处理时将种子与2～4倍体积的湿沙混合，一般用较细的河沙，将河沙清洗干净，不要有石子，也不要有草根等容易引起发霉的杂物。层积前调整沙子的含水量为60％左右，经验上的判断方法是用手握一把湿沙，可以成团，用手指轻触，即可散开，即所谓"手握成团，一触即散"。不同种子层积的时间长短不同，需要考虑播种期、层积温度等因素（表2-4）。

表 2-4　果树砧木种子的层积时间

砧木种类	层积时间/天	砧木种类	层积时间/天
湖北海棠	30～35	杏	100
海棠果	40～50	枣	60～100
山定子	25～90	酸枣	60～100
八棱海棠	40～60	山桃	80～100
秋子梨	40～60	毛桃	80～100
杜梨	40～60	中国李	80～120
豆梨	40	甜樱桃	150～180
沙果	60～80	酸樱桃	150～180
核桃	60～80	板栗	100～180
山杏	45～100	山楂	200～300

可以用赤霉素处理种子，能起到打破休眠的作用，可用于未层积种子的应急处理。

（4）层积后种子的短期贮藏　层积后种子完成了后熟，只要温度适宜即可萌发，因此层积后不能及时播种的种子要在低温（-2～2℃）下贮藏，且贮藏的时间不能过长。

（三）种子播种前处理

1. 种子生活力的测定

经过层积处理的种子在播种前要进行生活力测定，为确定播种量提供依据。种子的生活力受采种母株营养状况、采种时期、贮藏条件和贮藏年限等条件的影响。

（1）目测法　是直接观察种子的外部形态，凡种粒饱满，种皮有光泽，种粒重而有弹性，胚及子叶呈乳白色，为有生活力的种子。

（2）染色观察　是根据胚及子叶染色情况，判断种子生活力强弱和所占百分数。常用的染色剂有靛蓝胭脂红、曙红和四唑。根据染色剂不同，有生活力的种子胚、子叶有着色和不着色两种类型。

（3）发芽试验法　是将无休眠期或经过后熟的种子，均匀放在衬垫滤纸的培养皿中，并给予一些水分，置于20～25℃条件下促其发芽，计算发芽百分率，判断种子生活力。常用发芽势和发芽率来表示。

2. 浸种催芽

干藏的种子在播种前必须用适当的措施进行处理才有利发芽、缩短萌芽期，沙藏后的种子可直接播种，但以催芽后再播种效果较好。

（1）冷水浸种　春季播种前，用冷水将干藏的种子浸泡7～10天，每天换一次水，使其充分吸水。

（2）温水浸种　将种子放在80℃的温水中，用木棍搅拌至水温下降至室温后继续浸泡，处理时间为7～10天，每天换水一次，待种子裂开口后即可播种。

（3）**热水浸种**　对于急需播种的种子，可用种子重量1.5～2倍的沸水浸种2～3分钟，不用搅拌，浸种后可随即播种。此法是救急的办法，一般不提倡使用。

（4）**催芽**　播种前2～3周，选背风向阳地块，挖深30厘米、宽100厘米左右、长根据种子量而定的长形坑。取出层积的种子，筛去部分沙子（种、沙比约为1∶2，未层积的种子，经浸种等处理后拌入2倍的湿沙），然后放入坑中，厚度20厘米左右，种子上覆地膜保湿，坑上搭建小拱棚。晚上、阴雨天棚上盖草苫等保温物，晴天揭草苫采光增温，种子层温超过25℃时可放风降温。每2～3天喷1次水，每4～5天上下翻动1次，种子开裂或露白时播种。也可利用现有的温室、大棚等催芽，有空调条件的可在室内催芽，室温保持在25℃左右，做好保湿、翻动种子工作，发芽后播种。

（四）播种

1.播种时期

一般分为秋播和春播，北方地区以春播较为常见。

（1）**秋播**　种子采收后可尽快播种，一般在土壤上冻之前完成，秋播的种子不需要进行层积处理。在冬季较短、不十分严寒的地区多用秋播，出苗率高，第二年出苗早，生长期长，苗木健壮。在生长期较长的河南、山东等地可考虑秋季播种，春季加覆地膜或搭小拱棚，促进提早萌发，加强肥水管理，加快砧木苗生长，6月初部分达到嫁接粗度，嫁接后一年成苗，可缩短苗木繁育期，降低生产成本。

（2）**春播**　一般北方地区多用春播，时间在土壤解冻后及早进行。山西晋中地区一般为4月上中旬。此时播种多比较干旱少雨，需要有灌水条件，同时最好覆盖地膜，以利保水和提高地温。

2. 播种量

播种量是指单位面积内计划生产一定数量的高质量苗木所需要种子数量。

$$播种量（千克）=\frac{计划育苗数}{每千克种子粒数×种子发芽率×种子纯度}$$

播种前依据确定好的株行距、种子大小等测算需要的播种量，在准备种子时可多准备 5%～10%，以便出苗后发现缺株严重时补种。

3. 播种方法

（1）整地　育苗地播种前要深翻 25～30 厘米，同时施入农家肥、化肥，旋耕耙平。

（2）灌水　播种前土壤墒情要好，可浇一次透水，或趁雨播种，干旱缺水地区一般先开沟，沟内灌水，待水渗下后再播种。

（3）播种　为方便嫁接操作，培育砧木苗时常用宽窄行法，宽行 60 厘米，窄行 40 厘米，株距 5～20 厘米不等。山定子、海棠、杜梨等小粒种子多条播，桃、杏、李、栗、核桃、龙眼、荔枝等大粒种子，按一定距离点播于苗床（或垄沟）内。核桃点播时要求种子缝合线与地面垂直，且种尖（胚根、胚芽从此萌发）横向一侧，与地面平行，这样有利苗木出土，生长健壮。其他的摆放方法苗木出土晚，根颈弯曲生长，生长势弱，在一次性播种量大的情况下，也可以采用播种马铃薯的机械进行，在种子质量高时发芽几乎没有影响。

（4）覆土厚度　一般来说播种的覆土厚度是种子直径的 3～5 倍，大粒种子取 3 倍，小粒种子取 5 倍。干燥地区比湿润地区播种应深些有利保墒，秋冬播比春夏播应深些，沙土、沙壤土比黏土应深些，用地膜覆盖的可适当浅些。

（5）覆地膜　播种后一般要覆盖地膜，有利保水保墒，提高地温，促进种子萌发和生长。地膜也可用稻草代替，但保墒效果较差，地温低，发芽晚。

（五）砧木苗管理

砧木种子春播后 20 天左右开始出苗，此期间每天检查出苗情况，幼苗出土后及时用小刀将地膜划开，露出幼苗，防止膜内高温烫伤幼苗，同时将划开的地膜用湿土埋严。加强苗期管理是培育壮苗的关键，在砧木苗生长期间，要注意以下几个方面的管理。

1. 补种或补苗

当苗木出土后发现缺苗严重的需要及时补种，也可以将较密部分的小苗移栽过来，保证成苗数量。大面积育苗时还要在另外的地块播种一些作为补植用苗。

2. 施肥浇水

苗木出土前一般不进行浇水。待苗木出齐后要及时灌水，5～6 月要灌水 2～3 次，结合灌水追施化肥 2 次，以速效氮肥为主，如尿素、碳铵、硫酸铵等，前期 10 千克/亩，中期 20 千克/亩，碳铵、硫胺含氮量低，要适当多施。7～8 月进入雨季后可少浇水或不浇水，追施磷钾肥促进苗木充实，可每亩追施磷酸二铵 20 千克＋氯化钾 20 千克。除土壤施肥外还应进行叶面喷肥，每 7～10 天用 0.3％～0.5％的尿素或磷酸二氢钾喷布一次，叶面肥需连续喷施 3～5 次。雨水多的地方要注意排水，以防烂根和苗木徒长，土壤上冻前浇一次封冻水，防止越冬时抽条。

3. 中耕除草

浇水后进行中耕除草，一方面减少杂草与苗木争夺养分，另一方面可以防止土壤板结，减少地面蒸发，为苗木的生长提供一个良好的环境。

4.断根

有些砧木，如核桃、杜梨等主根发达，不进行断根处理时侧根生长很弱，建园定植时不利成活和缓苗，一般在夏末秋初要进行断根处理，促进侧根的发育。操作方法是在行间距离苗木 20 厘米处用断根铲呈 45°角对着苗木斜插入土中，切断主根（图 2-1），断根后浇一次水，同时施肥，促进新根的发育。断根后的苗木侧根发达，移栽成活率高。

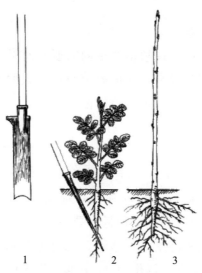

图 2-1　砧木断根

1—断根铲；2—断根；3—断根苗根系

5.冬季埋土防寒

冬季低温容易使砧木幼苗冻死，以前常将幼苗起出防寒，现在多在入冬落叶后平茬，然后覆盖 10～20 厘米的土，效果很好。冬季不太冷的地区可仅在根颈处埋土防寒。

6. 病虫害防治

砧木苗木病虫害防治方法可参考大树的防治方法，以预防为主，发现病虫害要及早喷药控制。

（六）不同果树砧木嫁接时期

海棠等砧木生长量大，播种的当年达到嫁接粗度，可在 8 月份进行嫁接，第二年剪砧后成苗。酸枣等砧木在当年不嫁接，而是在第二年春季进行枝接，秋季苗木出圃。核桃的砧木一般播种当年生长量小，砧木很细，很难达到嫁接的要求，需在第二年春季平茬，5 月底 6 月初嫁接，嫁接成活后剪砧，接芽萌发，可在秋季成苗。

二、扦插繁殖

扦插分硬枝扦插和嫩枝扦插两大类。一般来说，嫩枝扦插比硬枝扦插容易生根，如果硬枝扦插不易生根的种类可以尝试嫩枝扦插，葡萄砧木常用扦插繁殖。扦插时需要选择合适的基质、用植物生长调节剂对插条进行处理，以提高生根率。常用的扦插基质是将河沙、珍珠岩、蛭石、园土等按不同比例进行混合，用于促进生根的植物生长调节剂有 ABT 生根粉、根宝、吲哚丁酸（IBA）、萘乙酸（NAA）等。

（一）影响扦插生根成活的因素

1. 内部因素

（1）种与品种 山定子、秋子梨、枣、李、山楂等，其枝条萌生不定根的能力很弱，而根系萌生不定芽的能力较强，因此枝插不易成活而根插则易成活。

（2）树龄、枝龄、枝条部位 一般枝龄较小的比枝龄较大的扦插容易成活，但醋栗中大多数的种，用二年生枝扦插容易发根。

（3）营养物质　枝条所贮藏的营养物质多少与扦插和压条生根成活有密切的关系，首先是碳水化合物对发根有良好的作用，氮素化合物也是发根必要的营养物质。

（4）植物生长调节剂　吲哚乙酸对植物茎的生长、根的形成和形成层细胞的分裂都有促进作用，吲哚乙酸、吲哚丁酸、萘乙酸都有促进不定根形成的作用，细胞分裂素（CTK）在无菌培养基上对根插有促进不定芽形成的作用，脱落酸在矮化砧 M_{26} 扦插时有促进生根的作用。

（5）维生素　已知维生素 B_1 是无菌培养基中促进外植体生根所必需的营养物质。

在扦插过程中插条带芽或叶片的，扦插生根成活率都比不带芽或叶片的插条生根成活率高。

2. 外部因素

（1）温度　白天气温 $21\sim25℃$，夜间约 $15℃$ 时有利硬枝扦插或压条生根，插条生根适宜土温为 $15\sim20℃$ 或略高于平均气温 $3\sim5℃$。但各树种插条生根对温度要求不同，如葡萄在 $20\sim25℃$ 的土温条件下发根最好，中国樱桃则以 $15℃$ 为最适宜。

（2）湿度　土壤湿度和空气湿度对扦插压条成活影响很大。插条发根前，芽萌发往往比根的形成早得多，而细胞的分裂、分化，根原体的生成都需要一定的水分供应，所以扦插或压条后土壤含水量最好稳定在田间最大持水量的 $50\%\sim60\%$，空气湿度越大越好。

（3）光照　扦插发根前及发根初期，强烈的光照加剧了土壤及插条中水分消耗，易使插条干枯，因此应避免强光直射，夏季带叶嫩枝扦插应搭棚遮阴和经常喷水。

（二）促进生根的方法

1. 机械处理

（1）剥皮　对枝条木栓组织比较发达的果树，将表皮木栓层剥去，对发根有良好的促进作用，如葡萄。

（2）纵刻伤　在插条基部1～2节的节间刻划5～6道纵伤口，深达韧皮部（见到绿色皮为度）。

（3）环状剥皮　简称环剥，在扦插枝条基部剥去一圈皮层，宽3～5毫米。

剥皮、纵刻伤和环剥促进生根，是由于生长素和碳水化合物积累在伤口区或环剥口上方，提高了过氧化氢酶活力，从而促进细胞分裂和根原体的形成。

2. 黄化处理

新梢生长初期用黑布或黑纸等包裹基部，使叶绿素分解消失，枝条黄化，皮层增厚，薄壁细胞增多，生长素积聚，有利于根原体的分化和生根，黄化处理时限必须在扦插前3周进行。

3. 加温处理

早春扦插因土温较低而生根困难，因此在葡萄扦插前利用火炕增温的办法促进插条生根，使扦插基质温度保持在20～28℃，气温10℃以下，为保持适当湿度要经常喷水，可使根原体迅速分生而芽延缓萌发。也可用阳畦、塑料薄膜覆盖或电热丝等热源增温，促进发根。

4. 药剂处理

对不易发根的树种、品种，采用药剂处理加强插条的呼吸作用，提高酶的活性，促进分生细胞的分裂而发根。药剂种类繁多，常用的有吲哚乙酸、吲哚丁酸、萘乙酸。

（1）液剂浸渍　硬枝扦插时常用低浓度浸泡，绿枝扦插时用高浓度速蘸。

（2）粉剂蘸粘　一般用滑石粉作稀释填充剂，配合量为500～2000毫克/千克，混合2～3小时后可使用。先将插条基部用清水浸湿，然后蘸粉即行扦插。

近年来，中国林业科学院研制的ABT生根粉对促进插条和苗木生根具有良好效果。

（三）扦插繁殖的方法

1. 枝插法

（1）硬枝扦插　插条在落叶后剪取，扦插时插条不带叶片，葡萄、油橄榄、无花果常用硬枝扦插繁殖。

（2）绿枝扦插　也称嫩枝扦插，插条在生长期剪取，插条带有叶片，在柑橘类、油橄榄、葡萄、猕猴桃等果树上多用绿枝扦插，现在采用室内弥雾扦插技术，使插条周围保持环境湿度100%，成活率大大提高。

2. 根插法

枝插不容易生根的树种，可以考虑采用根插的方法。枣、柿、普通核桃、长山核桃、山核桃等根插较易成活，李、山楂、樱桃、醋栗等根插较枝插成活率高。

三、压条繁殖

压条法主要应用于扦插不易生根的砧木，压条繁殖时可建立专门的繁殖圃，也可结合生产进行，生产园兼用于繁殖苗木时会对产量有一定的影响，需要加强管理。

1. 直立压条法

苹果和梨的矮化砧、樱桃、李、石榴、无花果等果树，均可采用直立压条法进行繁殖。邓丰产和马锋旺（2012）将 M_9、M_{26} 等苹果矮化砧木母株按行株距 40 厘米×40 厘米进行定植，苗木与地面成 30°角倾斜栽植，用锯末堆埋 20 厘米，最佳堆埋时间是 7 月 1 日至 8 月 1 日，可获得高质量的矮化砧自根苗。

2. 曲枝压条法

蔓性果树（葡萄）、某些灌木果树（醋栗、黑树莓等）、乔木果树（苹果和梨的矮化砧等）均可采用此法繁殖。多在春季萌发前进行，也可以在生长季节枝条已半木质化时进行。

3. 水平压条法

苹果矮化砧采用水平压条时，可于定植当年将母株按行距 1.5 米，株距 30～50 厘米定植。植株与沟底成 45°角倾斜栽植。

四、组织培养繁殖

1. 组织培养育苗的特点

组织培养育苗繁殖效率高，不受季节和灾害性气候的影响，可周年繁殖，且繁殖材料能以几何级数增殖，繁苗速度快，培养技术简单易行，管理方便，培养条件可人为控制，利于自动化管理，实现工厂化生产，可保持母体的优良性状，苗木均匀一致，砧木质量好。

2. 组织培养基本操作流程

（1）繁殖材料的选择和处理　选择优良的砧木品种，生长健壮、污染较少的母株作为外植体的来源。一般大田的材料受污染较多，不容易获得无菌系，可将其栽培在温室内，以减少污染，少量材料也可用水培的方式获得嫩枝。进行培养时剪取当年生的嫩枝，剪去叶片，剪成 3～4 厘米长的带腋芽茎段，先用自来水流水冲洗 1～3 小时，在无菌条件下用 75％酒精灭菌 30～50 秒，再用 0.01％升汞浸泡 3～8 分钟，最后用无菌水冲洗 3～5 次，以备接种。

（2）培养步骤　组织培养的步骤包括初代培养、继代扩繁、生根培养等。

初代培养：不同的砧木需选择不同的培养基，将灭菌的茎段切去两端 1 毫米的端面，植入培养基中。培养条件是温度 25℃，光照强度 1000～3000 勒克斯，光周期 14～16 小时光照、8～10 小时黑暗。

继代扩繁：是茎段培养的主要一步。一种方法是促进腋芽的快速生长，另一种是诱导形成大量不定芽。通过腋芽增殖的方法可以保持品种的优良特性，发生变异的概率较小，增殖速度快，理论上一年内 1 个芽可增殖 10 万株以上。增殖后形成的丛生苗或单芽苗分割后，转移到新培养基中继代培养，4～8 周继代一次，一个芽苗可增殖 5～25 个小苗，可进行多次继代培养，满足生产需求。

生根培养：继代扩繁的芽苗没有根，一般需要在生根培养基中诱导生根。生根时所用的基本培养用 MS 培养基，但需降低无机盐浓度，一般用 1/2 或 1/4 的量，并减少或除去细胞分裂素，增加生长素的浓度，在生根阶段辅以黑暗条件，则生根效果更好。

（3）炼苗及移栽　移植是一个植物苗由异养转变为自养的过程。试管苗移栽是组织培养过程的重要环节，也是最费工的一个环节，这个工作环节做不好，就会使组培育苗前功尽弃。经过温室移栽成活的小苗培养一段时间，长出新根和新的叶片后可移栽到大田。

第三章

果树的接穗

嫁接到砧木上所用的枝或芽称为接穗或接芽，接穗应从品种纯正，生长健壮，无病虫害的优良母株上采集，母株最好已经挂果，经鉴定为优良品种，未挂果的树不宜作为母株。大型苗圃地应选择优良品种作为采穗母树建立采穗圃，从中剪取接穗可保证品种纯正，有时候也从生产园剪接穗，同样也要注意品种纯度的问题，同时采穗量要少一些，以免使树体衰弱或减产较多。现在生产上由于苗木需求量大，在幼树上剪取接穗的现象比较普遍，这往往给品种混杂带来隐患，同时也不利于幼树的生长。

第一节　果树接穗的采集

接穗一般选生长充实的一年生发育枝，在接穗不足时也可采集结果枝和结果母枝作为接穗，未结果的幼树枝条、徒长枝、内膛枝不宜作接穗，因为此类枝条嫁接后生长较弱。接穗采集后要挂好标签，防止混杂。

一、芽接接穗的采集

芽接用的接穗一般是当年生新梢，所用的芽片是新梢上的未萌发的叶芽（休眠芽），芽接一般在夏秋季节进行，所以最好是随采随用。选用树冠外围生长健壮、无病虫害的当年生新梢做接穗，以长枝为佳，不用中枝和短枝。接穗采下后，立即剪去叶片，丁字形芽接、方块芽接时要保留 0.5～1 厘米长的叶柄，方便嫁接操作，以后还用来检查是否嫁接成活。嵌芽接的不留叶柄。

接穗枝条剪下后避免日晒，保持湿润，用湿布包裹，按品种 50 条或 100 条为一捆，挂上标签。短期贮藏可以放在阴凉的地窖，将接穗埋在湿沙中，也可以吊在水井内接近水面的地方，这样可保持 5～7 天供嫁接用。核桃芽接接穗保存最多不超过 72 小时。放置时间较长的接穗失水严重，表皮皱缩，有的还有发霉的现象，不容易成活，不能使用。

核桃枝条有些叶腋间的芽全是雄花芽，不能作为接芽使用。嫁接时选用接穗枝条中部发育良好且充分成熟的叶芽，接穗基部的芽为瘪芽，上部的芽发育不成熟，一般弃去不用。为了生产更多的接穗，把优良品种种植在温室或者大棚中，可以提前萌芽，接条生长时间长，接芽充实，能够提供高质量的接穗。

二、枝接接穗的采集

从结果树上采集接穗要选树冠内光照好、生长发育充实、髓心较小、节间正常、芽体饱满、无病虫害的一年生枝条。枝接接穗一般是在休眠期采集，接穗处于休眠状态，能够贮藏较长的时间，因此能相应地延长嫁接的时间。采接穗时枝条基部留3～5个芽剪下，然后按接穗粗细、长短分级，50条或100条一捆，悬挂品种标签，注明品种、采集地点和日期，登记造册。冬季采穗的要放在地窖内，春季采穗的及早进行嫁接。

采集接穗的时期不同的人有不同的观点，有人认为整个冬季休眠期都可以采集接穗，有人认为在刚落叶后就采集接穗，有人认为在春季萌芽前采集接穗。休眠期采集接穗可以结合修剪进行，但此时天寒地冻，采集的接穗难以挖坑保存，只能放在地窖里或冷库中。落叶后采集接穗可以方便贮藏，但贮藏时间长达4～5个月，经过如此长时间的贮藏后接穗失水较多，会影响嫁接成活率。春季萌芽前采集接穗，经过短期贮藏后就进行嫁接，接穗失水少，成活率高。因此建议在2～3月份采集枝接接穗较为适宜。

枣树的接穗剪下后，需立即将二次枝距基部0.5厘米处剪去，用枣头一次枝作接穗，选芽体饱满的中间几节，将主芽一节一节地剪下来，主芽以上要留0.5～1厘米的保护桩，同时去除枣刺，成为单芽接穗。为多发枝早成形、早丰产，也可用长接穗，每条接穗留饱满芽 2~3 个。

葡萄绿枝嫁接的接穗选择半木质化的嫩梢，剪成单芽段，剪除 3/4 或全部叶片，保留叶柄。

核桃采穗圃母树一年可采 3 次接穗。春季萌芽前第一次采长枝作枝接接穗（图 3-1），将一年生枝全部留 3~5 芽重短截，促发新枝，剪取接穗后要注意在剪口及时涂抹油漆，对母株进行保护，防止伤流过多使树体衰弱。5 月底 6 月中旬第二次采集芽接用的接穗，采穗量为当年生新梢的 60%，余下的枝条要

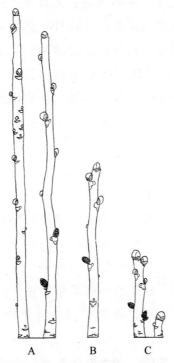

图 3-1　核桃枝条

A—长枝，适宜作接穗；B—中枝，可以做接穗，一般不用；
C—短枝，不能做接穗

留到第二年春天枝接时采。7月下旬第三次采芽接接穗，是在第二次采后萌发的新梢中采穗。采穗圃要加强肥水管理，促进枝条的生长和充实，提高接穗质量。

一般认为核桃枝条的髓心超过直径一半时不能用于嫁接，穗条的含水量在50％以上时愈伤组织形成较快，嫁接成活率高，穗条含水量低于35％时很难产生愈伤组织。穗条上部和中部芽的嫁接成活率高，下部芽成活率低。

第二节　果树接穗的保存与运输

接穗采集下来后要注意保存，防止接穗生活力下降。最常用的是沙藏、蜡封接穗等，在接穗使用前要检查生活力，以保证嫁接成活率。

一、秋冬季采集接穗的贮藏

接穗冬季采集后到春季才进行嫁接，一般应先沙藏，春季嫁接前几天取出蜡封，贮藏时间一般1～2个月。接穗贮藏的关键是防止失水、腐烂，防止接芽萌发，必须控制好贮藏时的温度和湿度。

沙藏的具体做法是：在果窖中根据接穗数量挖一个土坑，深0.5～1米，先铺5厘米湿沙，湿度以能手握成团，但不出水为准。沙上散一层接穗，不可太厚，以湿沙能接触每一枝接穗而不架空为宜。再盖5厘米湿沙。一层一层交替进行，直到坑口，最后盖20厘米湿沙。坑口不可重压，可盖一块塑料布，保持水分防止干燥。要注意每根接穗都要和湿沙接触，所以贮藏的接穗捆不能太大，最好散开掩埋，与湿沙充分接触。果窖内的温度以不超过3℃为宜。

冷库、地下室等冷凉的地方贮藏接穗，贮藏温度2～5℃，湿度85％左右，地面先铺10厘米的湿沙，将接穗平放在湿沙上，再盖一层湿沙，之后一层接穗一层湿沙堆放整齐，一般高度不超过60厘米，最上面覆盖10厘米厚的湿沙，并用湿草帘或麻袋盖好。每隔1周检查1次沙子湿度，每隔15～20天翻动1次，将上下层接穗相互调换，沙子及时补充水分。

少量的接穗可放在冰箱冷藏室，需要2层塑料袋包严。

保存好的接穗可以一直用到夏季。在嫁接时用多少取多少，不要一次取出。枝接的接穗可在早春或晚秋运输，此时气温较低但又不会冻坏接穗，运输时要注意保湿。

二、蜡封接穗

春季用来硬枝嫁接的接穗，近年来采取蜡封技术处理，使果树嫁接成活率大大提高。蜡封接穗可以减少接穗水分的散失，简化嫁接时包扎的方法，节省包扎材料，同时可省去套袋、防风等操作，可提高嫁接速度和工效，特别是在高接换优时效果突出。

接穗蜡封在嫁接前3～5天进行，取出冬季储藏的接穗，按嫁接要求的长度剪截，剪口下第一个芽距剪口1厘米，该芽将来长成的枝条最好，所以要特别注意剪口下第一芽的质量。也有的嫁接是剪成单芽接穗，如枣树枝接时常用单芽接穗。

蜡封接穗的工具见图3-2。操作时，将市售的工业石蜡放入一个敞口容器（铝锅、铁锅均可）中，用火将石蜡化开，在蜡液中插入一支温度计，可在锅边用铁丝做一个支架将温度计吊起来，不能让温度计直接与锅壁接触。蜡液熔化后，控制蜡液的温度为100～130℃，将接穗放入蜡液中迅速蘸一下，甩掉表面多余的蜡液，使整个接穗表面粘被一层薄而均匀透明的蜡膜。少量的接穗可用镊子或筷子等夹住接穗一个一个地蘸，夹住的接穗保持水平状，整条接穗同时入蜡同时出蜡。大量接穗可用做饭的笊篱，而且只能用金属丝制的笊篱，一次可处理10～20支接穗，不可太多，过多的接穗堆在一起会使堆内部蜡温过低，影响蜡封效果。

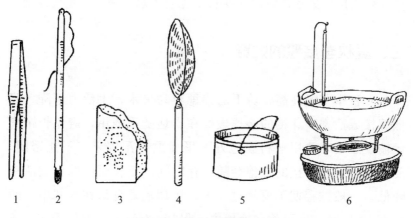

图 3-2　蜡封接穗的工具
1—镊子；2—温度计；3—石蜡；4—笊篱；
5—熔蜡的小桶；6—熔蜡锅与加热火炉

　　蜡封接穗的具体操作方法是：在笊篱中散列接穗，迅速淹入蜡液，瞬间即把笊篱移出，掂几下使部分蜡液掉回锅内，转手稍用力将接穗甩在铺有塑料布的地上，使接穗四处散落，而不堆在一处，以利散热，且不会黏结在一起。注意蜡的温度不能过高或过低，温度过高容易将接穗烫死，这时可将容器撤离热源降温。温度过低时接穗上的蜡层较厚，削接穗时容易龟裂脱落，这时需要对蜡液加热至合适的温度。现在用电磁炉加热可方便地控制温度。另一种石蜡熔化法是在容器中加入少量的水，利用水来间接加热，控制蜡液的温度在 90～100℃ 范围内，不致超过 100℃，这样可保护接穗不被烫伤，但由于温度较低，接穗容易着水，蜡封的效果不如直接用火加热石蜡。

蜡封接穗冷却后，外包湿毛巾，装进塑料袋，然后放入 1～3℃ 的冷库中，也可把蜡封接穗装入塑料袋中后埋在果窖的湿土中，温度保持在 5℃ 左右，保持湿润，待嫁接时取出。蜡封以后的接穗失水慢，但时间长了也会失水干缩，一定要保湿。

三、夏秋季接穗的贮藏

夏秋季节温度高，剪下的接穗容易失水，生活力下降，降低嫁接成活率。芽接的接穗最好在本地随采随用，避免长距离运输，运输时要用塑料膜包好，里面放些湿锯末，不能密闭，要适当通气。芽接的接穗会随贮存时间的延长而使嫁接成活率降低，一般贮存期不要超过 5 天，短期贮藏可吊在水井中，距水面 10 厘米，亦可放在冷库中，保持 0℃ 以上，勿使受冻，还可将接穗捆好后竖着放到盛有清水的容器内，浸水深度 10 厘米左右，每天换水 2～3 次，上半部用湿麻袋盖好，放于阴凉处，最多存放 3～4 天。田间嫁接时要用湿布将接穗包好放在阴凉的地方，避免阳光曝晒。

四、接穗生活力测定

生产中经常会有蜡封接穗时温度过高而使接穗烫伤的事情

发生，给生产带来了不少损失。刚蜡封好的接穗不容易看出烫伤的情况，等接穗贮藏一段时间后，用刀削开接穗就会发现接穗的韧皮部变为褐色或棕黄色，这样的接穗就不能再使用了。烫伤的接穗嫁接成活率会大大降低，即使嫁接成活生长势也比较弱。如果是春季蜡封后即刻要嫁接的，带来的损失就更大了。所以在蜡封接穗时要特别注意控制蜡液的温度，且一定要使用温度计来控制温度，不可马虎，宁可温度低一些也不能高了。

从外地调进的接穗在嫁接前要对接穗的生活力进行简单的测定。随机取接穗 10 支，将接穗下端削成马耳形，取一广口罐头瓶，加入湿土，将削好的接穗插入湿土中，盖严，放入25℃恒温箱，几天后取出，正常的接穗会在切口产生一圈白色的愈伤组织。若没有产生愈伤组织或者愈伤组织的量比较少，说明接穗已经死亡或生活力较差，不能使用。

第三节　常见北方果树优良品种

一个地方该发展什么果树什么品种，要综合考虑，不管选择什么果树品种，3～5 个足够了，以乡镇为单位，最好是 1～2 个主栽品种，2～3 个授粉品种，这样有利于提高果品的商品性和市场竞争能力。在栽植时品种纯度一定要高，要避免品种混杂。

一、苹果

苹果为蔷薇科苹果属的多年生落叶小乔木，是世界重要果树之一，生产遍及世界各大洲，栽培历史久远。苹果以鲜食为主，个别地方近年来开始发展加工品种。

1. 按成熟期分类

可以分为特早熟品种、早熟品种、中熟品种、中晚熟品种和晚熟品种（表 3-1）。

表 3-1　苹果按成熟期分类

类型	成熟期	品种
特早熟品种	6 月底至 7 月中旬	特早红、超美、七月红、弘前富士等
早熟品种	7 月中旬至 8 月上旬	早捷、藤木 1 号、贝拉、丰艳、安娜、美国 8 号、珊夏、夏丽、秦阳、晨阳、华玉、绿帅等
中熟品种	8 月中旬至 9 月中旬	霞艳、嘎拉、津轻、红津轻、千秋、红将军、凉香、北海道 9 号、乔纳金、北斗、陆奥、王林等
中晚熟品种	9 月中旬至 9 月下旬	新红星、乔纳金、新乔纳金、王林等
晚熟品种	9 月下旬至 10 月下旬	瑞阳、瑞雪、秦冠、凉香、富士等

2. 按果面色泽分类

按果面色泽分为红色品种（全红、条红、片红）、黄色品种、绿色品种等。

3. 按生长结果习性分类

按生长结果习性可分为普通型品种（乔化）和短枝型品种（矮化）。

4. 按果实用途分类

按果实用途可分为鲜食品种、烹调品种和加工品种（制汁、酿酒）、观赏品种等。

5. 按品种群分类

生产中的苹果三大品种群是元帅系、金冠系、国光富士系。

元帅系包括元帅、红星、新红星、超红、矮红、矮壮、艳红、首红、魁红、矮鲜、俄矮 2 号、华矮红等。

金冠系包括金冠、金矮生、黄矮生、矮金冠、纳吉特、弗拉贝格、乔纳金、新乔纳金、红乔纳金、华冠、丹霞、绿帅、王林、津轻、陆奥、阳光、嘎拉、秦冠等。

国光富士系包括国光、富士、红富士、红国光、新国光、北斗、北海道 9 号、寒富、凉香等。红富士有普通型和短枝型共 100 多个单系，包括烟富 6 号、秋富 1 号、长富 2 号、寒富、岩富 10 号等。

二、梨

梨为蔷薇科梨属植物，我国梨的栽培历史约有 3000 年，根据其原生分布可分为东方梨系和西方梨系两大类，酥梨和鸭梨是梨的主栽品种。

1. 按照起源分类

世界上栽培的主要梨品种绝大多数属于秋子梨、白梨、砂梨和西洋梨四个种，近年来新疆梨发展比较迅速，成为第五大种（表 3-2）。

2. 按成熟期分类

（1）极早熟品种 七月酥、鄂梨 1 号。

（2）早熟品种 早酥梨、早美酥、绿宝石、翠伏、翠冠、西子绿、雪青。

表 3-2　梨品种分类

分类	适应性	代表品种
白梨系统	喜干燥冷凉气候,耐寒性比秋子梨弱,强于砂梨,一般最低温度低于－25℃发生冻害。对土壤肥水要求严格	鸭梨、酥梨、雪花梨、黄冠、晋酥梨、硕丰、苲梨、苹果梨、秋白梨、栖霞大香水、长把梨、鸡腿梨、金花梨、汉源白梨等
砂梨系统	适于温暖多湿的气候,耐热、抗旱、抗酸、抗砂力强,不耐黏土和高 pH。抗寒力差,耐－20℃左右的低温	黄金梨、圆黄梨、水晶梨、幸水、丰水、新水、二十世纪、新高、长十郎、苍溪雪梨、宝珠梨、早三花、严州雪梨、政和大雪梨、灌阳雪梨、威宁大黄梨等
秋子梨系统	可耐－37℃低温,个别品种可耐－52℃低温,是梨属植物最抗寒的种。耐酸性土壤,耐干旱,耐瘠薄。对土壤和肥水要求不严。温度过高品质不良。对黑星病、火疫病的抵抗力强。抗多种病害	京白梨、南果梨、大香水、小香水、兰州软儿梨等
西洋梨系统	喜温凉干燥气候,不抗寒,一般可耐－20℃低温。易染胴枯病和腐烂病	巴梨、阿巴特、伏茄梨、茄梨、三季梨、恩久、鲍斯克、寇米斯、康费仑梨、克拉桑等
新疆梨系统	为西洋梨与白梨的自然杂交种	库尔勒香梨、玉露香、红香酥、香蕉梨、花长把、克兹二介、可克二介等

（3）中熟品种　巴梨、八月红、玉露香、圆黄梨、黄金梨。

（4）晚熟品种　酥梨、鸭梨、雪花梨、苍溪雪梨、金花4号、中华玉梨、晋蜜梨、金珠梨。

三、葡萄

葡萄为葡萄科葡萄属多年生落叶藤本植物，葡萄适应性强，产量高，结果早，在南北半球的热带、亚热带、温带和寒温带的广大地区都有栽培和分布。

1. 按用途分类

（1）鲜食品种　早黑宝、郑州早玉、山东早红、乍娜、凤凰51、粉红亚都蜜、维多利亚、奥古斯特、京玉、京秀、牛奶、莎巴珍珠、玫瑰香、巨峰、葡萄园皇后、普列文玫瑰、里扎马特、达米娜、龙眼、和田红、木纳格、瑰宝、黑玫瑰、意大利、瑞必尔、红地球、圣诞玫瑰、秋黑、美人指、摩尔多瓦、魏可、红高、京亚、黑香蕉、红双味、紫珍香、户太8号、京优、巨玫瑰、白香蕉、黑奥林、藤稔、先锋、高墨、龙宝、红瑞宝、红富士、高妻、夕阳红、京早晶、无核早红、布朗无核、红光无核、优无核、无核奥迪亚、夏黑、无核白、金星无核、爱莫无核、森田尼无核、奇妙无核、红宝石无核、克瑞森无核、皇家秋天等。

（2）酿酒品种　白葡萄酒品种如雷司令、霞多丽、意斯林、白诗南、白玉霓、长相思、白羽、白雅等；红葡萄酒品种如黑比诺、品丽珠、赤霞珠、梅鹿辄、法国兰、北醇等；山葡萄品种如双庆、左山1号等；冰葡萄酒品种如威代尔等。

（3）制干品种　无核白、黑柯斯林、白玫瑰香。

（4）制汁品种　康可、康拜尔、雷司令等。

（5）制罐制酱品种　无核白、白玫瑰、京早晶、牛奶等。

2. 按成熟期分类

葡萄按成熟期可划分为极早熟、早熟、中熟、晚熟和极晚熟等几种类型（表3-3），决定葡萄成熟期早晚的主要因素是果实发育所需要的积温。

表3-3　葡萄成熟期分类

类型	所需积温/℃	从萌芽到成熟天数	代表品种
极早熟	2100～2500	＜120	早玫瑰、莎巴珍珠
早熟	2500～2900	120～140	葡萄园皇后、乍娜
中熟	2900～3300	140～155	玫瑰香、巨峰
晚熟	3300～3700	155～180	红地球、赤霞珠
极晚熟	＞3700	＞180	龙眼、金皇后

四、核桃

核桃是我国重要的经济林树种，在全国大部分省区均有栽培，主要栽培类型为北方的普通核桃和南方的铁核桃。近年来文坑核桃在局部地区有所发展，主要是山西、河北两省交界的太行山区。在选择核桃品种时，要考虑以下几个因素。

第一是结果早晚。生产中以早实类型较受欢迎，一般立地条件好的地方可以发展早实核桃，但在一些栽培条件较差，管理粗放的地方应适当发展晚实核桃。

第二是核壳厚度。以纸壳类和薄壳类为主，露仁类和厚壳类发展要控制。在山区肥水条件较差时纸壳类容易出现露仁现象，这是需要注意的。核壳太薄或者缝合线松的在漂洗过程中容易进水，引起发霉。厚壳类出仁率低，取仁困难，不受消费者欢迎，应尽量避免发展。

第三是抗晚霜能力。核桃花期极不耐霜冻，晚霜危害往往造成核桃减产甚至绝产，在连年发生晚霜冻的地方要考虑选择抗晚霜能力强的品种。

第四是丰产性。集约化密植栽培的核桃园每 667 平方米坚果产量应达到 200 千克以上，我国核桃在提高单产方面任重而道远。

第五是取仁难易程度。纸壳和薄壳核桃取仁容易，但生产中还有许许多多的在 20 世纪 50 年代到 80 年代栽植的核桃，基本上属于实生繁殖的绵核桃类型，核壳较厚，取仁困难，如果有条件的要高接换优，更新品种。

1. 普通核桃

选择主栽品种和授粉品种时要注意各品种的雌、雄花的花期不一致，有"雌雄异熟"现象。研究表明雌、雄同熟的品种产量和坐果率最高，雌先型次之，雄先型最低。由于雌、雄花盛花期相隔，同一品种雌雄花不容易授粉，在品种选择上要注意雌先型品种和雄先型品种合理搭配（表3-4），保证授粉品种的雄花盛期同主栽品种的雌花盛期一致。

表 3-4　普通核桃品种开花类型

结实早晚	雌先型品种	雄先型品种
早实类型	纸壳类型:绿波、中林 5 号、北京 861 薄壳类型:温 185、中林 1 号、中林 3 号、西林 2 号	纸壳类型:辽宁 1 号、香玲、鲁光、绿岭、晋丰、薄丰、晋香 薄壳类型:寒丰、薄壳香、扎 343、西扶 1 号、西林 1 号、元丰
晚实类型	纸壳类型:礼品 2 号	纸壳类型:礼品 1 号、晋薄 1 号、晋薄 2 号、晋薄 3 号 薄壳类型:晋龙 1 号、晋龙 2 号、清香、西洛 1 号、芹泉 1 号

2. 河北核桃

河北核桃（*Juglans hopeiensis*）又称麻核桃、文玩核桃，是供玩赏的核桃，根据坚果形状、纹络脉相等分为狮子头、公子帽、官帽、鸡心等不同的类型。

五、枣

枣为鼠李科枣属植物，原产我国，栽培历史悠久，分布面积广，主要分布在山东、河北、山西、河南和陕西的黄河流域，近年来新疆、甘肃、宁夏等省、自治区发展迅速，栽培面积不断扩大，成为新兴的枣产区。枣一般按其用途分类如下。

1. 制干品种

肉厚、汁少，含糖量高，用于干制红枣，如圆铃枣、相枣、金丝小枣、木枣、临黄一号等。

2. 鲜食品种

脆枣，皮薄，肉质嫩脆，汁多，含糖量高，制干率低，如冬枣、梨枣、早脆王、疙瘩脆、子弹头等。

3. 加工品种

果大肉厚，疏松少汁，皮薄核小，用于加工蜜枣。如大泡枣、糖枣等。

4. 鲜食制干兼用品种

既可鲜食又可制干，是品种最多的一个类型，如金丝小枣、赞皇大枣、板枣、灰枣、骏枣、壶瓶枣、赞新大枣、鸣山大枣等。

5. 观赏品种

枝干、叶片或果形奇特，美观，适于观赏，如胎里红、龙须枣、茶壶枣、葫芦枣等。

六、桃

桃为蔷薇科桃属多年生落叶小乔木，在我国的栽培历史在3000 年以上，油桃和蟠桃的栽培历史至少也在 2000 年以上，而桃（野生桃）的起源时期则在 6000 年以前。栽培的普通桃有 6 个变种：圆桃、油桃、蟠桃、寿星桃、碧桃和垂枝桃。果树生产中应用的主要品种分类如下。

1. 白桃品种

端玉、北农早艳、布目早生、仓方早生、初香美、早香蜜、北京 5 号、北农 1 号、早香玉、郑州早甜、北农 2 号、北京 28 号、郑州 7 号、扬桃 5 号、京红、朝霞、北京五月鲜、京玉、雨花露、砂子早生、白凤、大久保、岗山 500 号、西野、玉露、岗山白桃、魁桃、白花水蜜、太原水蜜桃、八月脆、肥城桃、中华寿桃、冬桃等。

2. 黄桃品种

早金、金星、丰黄、红港、明星、罐桃 5 号、金童 7 号、锦绣、金秋等。

3. 蟠桃品种

五月鲜扁干、白芒蟠桃、撒花红蟠桃等。

4. 油桃品种

五月火、早红珠、早红 2 号、曙光、丹墨、晚金等。

5. 油蟠桃品种

中油蟠 3 号、中油蟠 4 号、中油蟠 5 号、油蟠桃 36-3、紫月等。

七、樱桃

生产中主要栽培的是甜樱桃，包括红灯、早大果、艳阳、美早、吉美、先锋、雷尼、拉宾斯、那翁、萨米脱、乌梅极早、早生凡、友谊、胜利等。

八、柿

柿为柿科柿属植物，柿按果实能否自然脱涩分为甜柿和涩柿两类。

1. 甜柿

罗田甜柿、秋焰甜柿、宝盖甜柿、湘西甜柿、华柿一号、富有、平核无、次郎、刀根早生、西村早生、前川次郎、西条、太秋、阳丰等。

2. 涩柿

磨盘柿、镜面柿、莲花柿、牛心柿等。

第四章

果树嫁接工具

　　果树嫁接使用的工具包括嫁接刀、修枝剪、手锯以及一些辅助工具，随着嫁接技术的发展，嫁接工具也有了很大的发展，出现了许多嫁接机械。一把称手的工具能大大提高嫁接效率，提高嫁接成活率，因此在嫁接之前首先应该准备好嫁接工具。

第一节　嫁接主要工具

嫁接要用到特制的工具，嫁接所用工具随嫁接方法不同而有所不同，最常用的有芽接刀、枝接刀（劈接刀、切接刀）、根接刀等。工欲善其事，必先利其器，嫁接所用刀具必须锋利，且非常干净，不能有锈迹和油污，否则会影响嫁接成活，在使用前需认真打磨，使用过程中也要经常打磨，使用后要擦洗刀具，在刀片上涂抹凡士林、黄油防锈，便于下次使用。

一、芽接刀

1. 普通芽接刀

芽接刀样式很多（图4-1），最经典的样式如图4-1中的第一个芽接刀所示，刀刃呈弧形，刃口薄，从刃口到刀背宽、为一个整体斜面，刀背较厚，刀柄尾部有一骨片（或塑料片），用于在嫁接时挑开砧木的切口。

2. 双刃芽接刀

进行方块芽接时有些地方习惯用双刃刀，双刃刀操作方便，嫁接成活率高。双刃芽接刀一般需自行制作，取2段各长10厘米左右的钢锯条用砂轮磨出刀刃，刃长4厘米。找一宽3～4厘米，厚约1厘米，长10厘米的小木条，用布条将锯条做成的刀绑缚在木条两侧即成，两刀刃相距3～4厘米（图4-2）。嫁接操作与单刃刀相似，只是横切两刀变成一次完成，且容易使砧木的切口与接穗芽片等长，可提高嫁接速度，提高成活率。

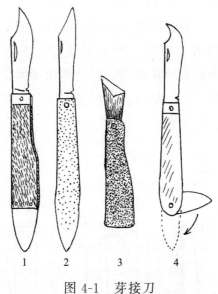

图 4-1　芽接刀

图 4-2　双刃芽接刀

二、枝接刀

果树枝接在削取接穗和砧木时要削到坚硬的木质部，因此枝接刀要刃口锋利、平滑、坚实。枝接刀可购买或自制，枝接操作时劈开砧木的刀具和削取接穗的刀具造型各不相同，都有其专门的用途。

1. 劈开砧木的刀具

劈开砧木的刀具主要功能是用来打开砧木的切口，多在劈开砧木接口时用，一般称为劈接刀（图4-3），劈接刀是双面刃，刀背较厚，劈接刀前端突出的小部件是用来撬开切口，方便接穗插入。劈开接口时，把刀刃垂直立于砧木断面适当位置，细枝用手掌轻轻一拍即可，粗枝需用硬木棒或橡胶锤击打刀背，将砧木劈开一个切口，将接穗插入。一般不用铁制敲打工具，否则易打坏刀背。

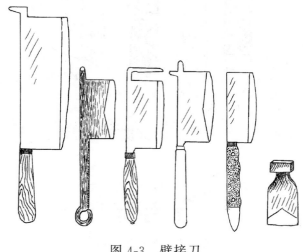

图4-3　劈接刀

2. 削取接穗的刀具

枝接时削取接穗的刀具称为切接刀，有的也称桑接刀（古代多用来嫁接桑树），其刀刃锋利，能够削开接穗坚硬的木质部，样式多种多样（图4-4）。

三、根接刀

根接刀是根接时用到的专用工具，便于根接操作（图4-5）。

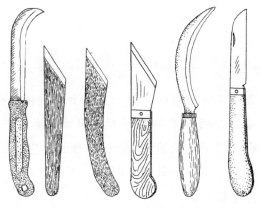

图 4-4　切接刀

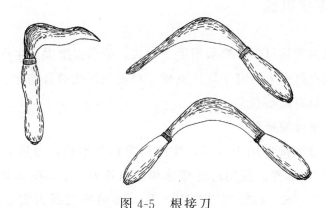

图 4-5　根接刀

四、修枝剪

修枝剪是果树整形修剪最常使用的工具，修枝剪在嫁接时主要用于剪切枝条、接穗。修枝剪在嫁接时除了用于剪切枝条，还常常用于单芽腹接，用于单芽腹接的修枝剪，要求剪刃要薄、锋利，大剪刃的刃口要平，不能有"小刃"，以便于斜切接穗枝条。

五、手锯

手锯主要用来将较粗的、剪子无法剪下的枝条截断，然后进行嫁接。果树专用的手锯最好为双刃锯，锯口平滑无毛茬，伤口容易愈合，锯子的长度为 30～40 厘米，宽度 3～4 厘米。使用锯子时特别注意锯子只能来回拉，不能左右晃动，否则会把锯子折弯甚至折断。

六、嫁接机械

果树嫁接目前主要采用手工方式，劳动强度大，生产效率低，也有许多人研究了嫁接机械，对实现嫁接的自动化、工厂化生产具有重要意义。

1. 手持嫁接剪

手持嫁接剪用于枝接，按照其剪口的形状，刀具有"Ω""U""V"形等，使用时将接穗和砧木各剪一下，砧木切口部分呈空心"Ω"（或"U""V"）形，接穗横切面为实心"Ω"（或"U""V"）形，由于砧木和接穗的切口都用同一个刀具切成的，其刀口形状完全相吻合，容易对齐（图4-6）。一般用于枝条较细，且砧木和接穗粗度比较一致时的嫁接。

需要注意嫁接剪的切口砧木和形成层露出的面积较小，因此嫁接剪在容易嫁接成活的树种上使用效果较好，而对于不容易成活的树种来说嫁接剪嫁接的成活率太低，不适合使用。

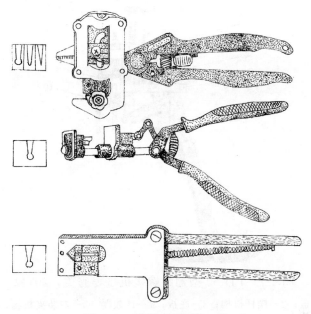

图 4-6　手持嫁接剪 3 种

2. PJJ-50 型葡萄嫁接机

PJJ-50 型葡萄嫁接机为半自动机械（图 4-7），该机的主要嫁接部件固定在工作台上面，操纵机构设计在工作台下面，由人的脚推动该机的脚踏板做前后摆动运动，通过摆杆机构，带动固定在刀架机构上的凹凸形刀具做上下直线运动。固定在刀架机构上的凹凸形刀具，首先对由操作人员放在左右装夹机构上的穗木进行凸形剪切，切断后继续下行，对放在刀砧上的砧木进行凹形剪切；切完后的穗木在刀具带动下上行，嵌入到切好的凹形砧木里，完成整个嫁接过程。

3. 山东葡萄专用嫁接机

山东葡萄专用嫁接机（图 4-8）是将葡萄硬枝与硬枝进行嫁接的机器，此机械接口对接方式有多种，主要为"Ω"形。

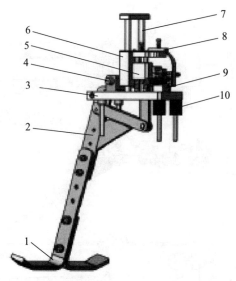

图 4-7 PJJ-50 型葡萄嫁接机（姜秀美，2011）

1—脚踏板；2—摆杆机构；3—底板；4—计数器；5—左装夹机构；6—刀架机构；7—导柱；8—右装夹机构；9—刀砧机构；10—固定减震机构

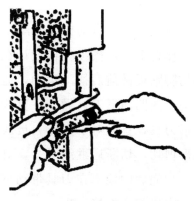

图 4-8 山东葡萄专用嫁接机

机械类型有一次成型、二次成型，一次成型是指砧木枝条与接穗对齐，放在一起，用脚一次踏下即完成嫁接；二次成型是指先放接穗用脚踏一次，再放砧木用脚踏一次，即完成嫁接。嫁接机每人每小时嫁接 500 株，是手工嫁接的 6 倍，对于大批量育苗者，采用嫁接机繁育苗木是提高嫁接速度、降低劳动力成本、缩短嫁接时间的重要机械。

4. BYJ-800 型油茶苗木嫁接机

BYJ-800 型油茶苗木嫁接机（图 4-9）由哈尔滨林业机械研究所开发研制，可完成对砧木苗和穗木苗的自动夹持、切削、嫁接、固定，并自动完成硅胶苗夹的输送及嫁接苗木的运送。经过样机调试，该油茶苗木嫁接机生产效率可达到 800～1200 株/小时，夹持机构对苗木轴径取值适用范围为 2～5 毫米，更提高了适用的广泛性。切削机构动作快捷、可靠、流畅，处理后的苗木切口光滑。硅胶苗夹质地柔软，利于降低嫁接苗木水分的流失，促进愈伤组织的形成。同时其结构简单，运行稳定，易于维修，造价低廉，不但提高了嫁接作业的工作效率，还大大降低了嫁接成本，提高了嫁接苗木的成活率，可促进嫁接苗木的规模化生产，更能适应社会对苗木良种的要求。

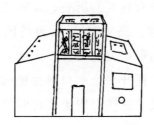

图 4-9　BYJ-800 型油茶苗木嫁接机

国外还有不同的嫁接机械，如图 4-10，在设计制造我国的嫁接机时可以参考借鉴。

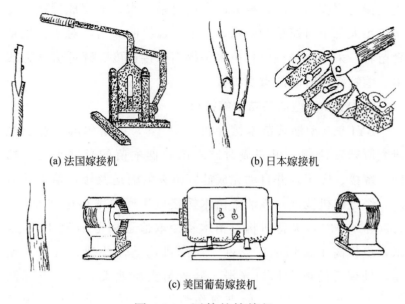

(a) 法国嫁接机　　　　　　　　　　(b) 日本嫁接机

(c) 美国葡萄嫁接机

图 4-10　国外的嫁接机

七、其他嫁接刀具

嫁接在世界各国有悠久的历史，在漫长的发展过程中，嫁接工具也是多种多样。图 4-11 所示为我国民间嫁接工具，木锤用于在劈接时敲击劈接刀的刀背，方便打开砧木切口，竹签用于插皮接时在皮下捅开一个小口将接穗插入，削芽刀用于芽接，枝接刀用于枝接，劈接刀用于枝接时劈开砧木，手锯用于锯断粗大的砧木。

图 4-12 所示是一组在美国常用的嫁接刀，有一定的特色，在生产中可以借鉴使用，尤其是双刃刀可以广泛用于方块芽接。

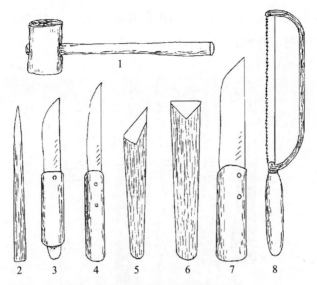

图 4-11　我国民间嫁接工具

1—木锤；2—竹签；3，4—削芽刀；5，6—枝接刀；7—劈接刀；8—手锯

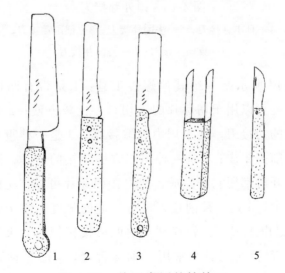

图 4-12　美国常用的嫁接刀

1—劈接刀；2，3—削枝刀；4—双刃刀；5—芽接刀

图 4-13 所示是日本、法国等国家芽接刀的代表，刀的形状略有区别，在使用时各有特色。

图 4-13　国外芽接刀

1—日本芽接刀；2—法国芽接刀；3—德国芽接刀；

4—英国芽接刀；5—美国芽接刀

图 4-14 所示是一组其他嫁接工具：1 是带有凹口的芽接刀，凹口处可以用于切芽片的横切口，比较方便；2 是带有比较长手把的切接刀，便于用力削取接穗；3 是一种腹接刀，便于高接时削去粗皮；4 是一种用于方块芽接的刀具，削取芽片和砧木上开口都用它来完成，使得接穗芽片可以"正好"嵌入砧木切口中；5 是一种削枝刀，有一定的弧度，便于削取枝接接穗；6 是电工刀，比较锋利，削取枝接接穗的效果较好；7、8、9 是一套舌接工具，常用于葡萄舌接，7 的长柄顶的"肩膀"处便于用力将砧木、接穗削开，8 用于舌接时在削面上竖直开口，9 是舌接的削枝砧，配合 8 使用；10 是开皮刀，用于

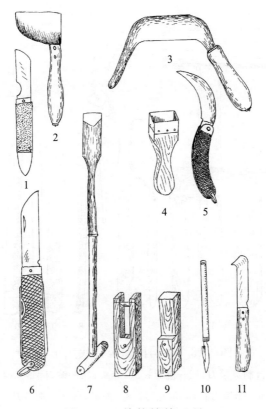

图 4-14　其他嫁接工具

1—有凹口的芽接刀；2—切接刀；3—腹接刀；4—方块芽接刀；

5—削枝刀；6—电工刀；7，8，9—舌接工具；10—开皮刀；

11—带凹刃的削皮刀

皮下接时砧木竖开口；11 的刀刃带有弧度，切出来的削面也有一定的弧度，常用于细砧木的皮下接。

图 4-15 所示是一组中国民间嫁接代用工具，在准备进行少量嫁接而没有专用的嫁接工具时，使用一些代用工具也可以完成嫁接。1 是用钢锯条打磨后自制的芽接刀，用于芽接；2 是木工刨的刨刀，用于劈接；3 是斧头，用来劈开砧木切口；

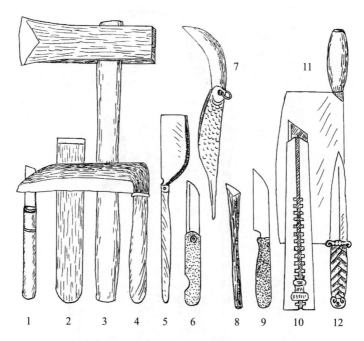

图 4-15　中国民间嫁接代用工具

1—自制芽接刀；2—刨刀；3—斧头；4—镰刀；5—剃刀；
6—铅笔刀；7—鱼儿刀；8—修脚刀；9—水果刀；
10—裁纸刀；11—菜刀；12—匕首

4 是镰刀，用来切削接穗或砧木；5 是剃刀，用于切削接穗；6 是铅笔刀，用于芽接；7 是鱼儿刀，用于枝接；8 是修脚刀，用于砧木皮层切口；9 是水果刀，用于劈接；10 是裁纸刀，用于芽接、劈接等多种嫁接；11 是菜刀，用于劈接；12 是匕首，用于枝接。这些代用工具虽然不称手，但是完成少量嫁接还是可以的。

图 4-16 所示是一组医疗手术工具，主要用于微型嫁接，手术刀的刀片十分锋利，便于切割微小的茎尖，且刀片可以更换，便于操作。

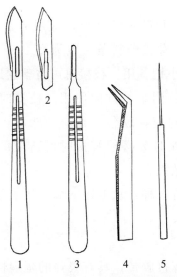

图 4-16　手术刀、镊子、解剖针

1—手术刀；2—刀片；3—刀柄；4—镊子；5—解剖针

第二节　嫁接辅助工具

在嫁接时除了嫁接刀具外，还会用到一些辅助工具，如密封用品、嫁接木棒、木锤、愈合箱等。

一、密封用品

嫁接时如何很好地封闭嫁接造成的伤口是成活的关键之一，最初的嫁接多用埋土堆的方法来保湿，也有用接蜡和植物纤维（树皮）的，现在常用的是塑料条。

1. 塑料条

用来捆缚接穗和砧木的切口，常用的是农膜（地膜），厚度约 0.006 毫米。芽接塑料条一般为宽 1.5～2 厘米，长 20～30 厘米，分绑成小把备用，枝接时可将整卷地膜锯成 5～10 厘米宽，用刀将锯口削平，方便使用。枝接时碰到大的砧木断面，需要先用宽的塑料膜包严伤口，然后再用塑料绳捆扎固定。用塑料条捆扎时务必使嫁接时所造成的伤口全部密封起来，防止水分的散失。

捆扎的方法有 3 种：从上往下绑，从下往上绑，或者固定一头，只转另一头。

2. 自粘胶带

日本有一种嫁接胶带，具有很强的延展性和黏着性，可拉长 6 倍，并可自动缩紧黏着，不需要打结捆绑，此嫁接胶带适用于各种嫁接方法，芽接时缠绕 2 圈，枝接时缠绕 5 圈即可，可提高嫁接速度，胶带缠后 5 个月可自行风化解体，可省去解绑的工序。国内也生产嫁接胶带，但质量稍差。

3. 接蜡

接蜡封闭嫁接造成的伤口，减少水分散失，是在塑料布应用之前保证嫁接成活的关键。现在绝大多数的嫁接都用塑料布来代替接蜡了，但有一些嫁接还会用到接蜡，且使用接蜡不用担心塑料条造成勒伤的麻烦。但是接蜡不能起到固定和支撑的作用，涂抹接蜡后仍然需要在外面用绳捆扎。接蜡分为加热式和冷用式，加热式接蜡在使用前须稍加温，冷用式不用加温即可直接使用。

加热式接蜡配方一：松香（或树脂）915 克，黑沥青 15 克，绵羊脂 30 克，筛过的草木灰 40 克。

加热式接蜡配方二：松香（或树脂）820 克，黑沥青 100

克，绵羊脂 30 克，筛过的草木灰 40 克。配制时首先在微火上将黑沥青、松香（或树脂）和绵羊脂熔化，然后逐渐加入草木灰。这样调制的接蜡在使用前保存在冷凉处，使用时用微火把蜡热一下。

加热式接蜡配方三：松香 570 克，石蜡 290 克，动物油脂 140 克，亚麻油 70 克。配制时先将松香和石蜡弄碎，在微火上慢慢熔化，然后加入熔化成液体的动物油脂，最后可搅入亚麻油（也可不加）。

冷用式接蜡配方一：松香 16 份，动（植）物油 1 份，酒精 3 份，松节油 0.5 份。先把松香、动（植）物油放在小铁锅内加热，待其全部熔化后再将松节油和酒精倒入，搅拌均匀即可。

冷用式接蜡配方二：松香 8 份，动（植）物油 8 份，酒精 3 份，松节油 0.5 份。配制方法同"冷用式接蜡配方一"。

冷用式接蜡配方三：松香 16 份，猪油 2 份，酒精 6 份，松节油 1 份。配制方法同"冷用式接蜡配方一"。

4. 塑料袋

枝接，特别是大树高接时，砧木较粗，伤口较大，可用塑料袋将砧木和接穗的伤口全部密封，待成活后再放风，最后去掉塑料袋。

5. 乳胶片

微型嫁接的嫁接部位较为细小，难以用传统的方法密封，因此可以用一块乳胶片加以固定（图 4-17）。也有用铝箔固定的，效果也很好。

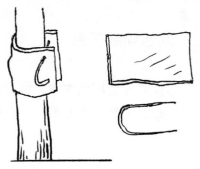

图 4-17　乳胶片固定接芽

二、嫁接木棒

在枝接时，接穗枝条较硬，削起来比较费劲，且接穗短小，不好握执和下刀，不容易将削面削平，可选一长 20～30 厘米，粗约 3 厘米的木棒，在其一端 2～3 厘米的位置削一个长 10 厘米的斜凹槽，可放入接穗，这样削接穗时顺手省力，且接穗削面较为平滑，能提高嫁接成活率（图 4-18）。

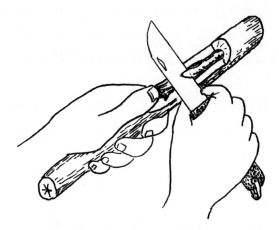

图 4-18　嫁接木棒用法

三、其他辅助工具

嫁接时还会用到木锤、愈合箱、刮皮刀、熔蜡灯、磨刀石等诸多相关工具，在此不一一介绍。

第五章

果树嫁接技术

芽接是生产中大量繁殖苗木常用的嫁接方法，成活率高，所用接穗少，速度快，成本低。近年来随着单芽腹接技术的成熟，逐渐成为芽接技术的有利补充，增加了一个嫁接的时期，育苗效率大大提高。应根据砧木、接穗、嫁接时期等因素选择合适的嫁接方法，芽接一般在夏秋之交，气温在 20~25℃时进行，过早嫁接的接芽当年容易萌发，冬季易冻死，过晚则愈合困难，成活率低；枝接一般在春季进行，萌芽前至萌芽后均可，应根据树液流动、离皮与否、砧木粗细等情况选择合适的枝接方法。

第一节　芽接技术

芽接的优点在于操作简便、嫁接速度快，可以嫁接的时间长，砧木和接穗取材方便，容易愈合、结合牢固、成活率高，适于大量繁殖苗木。芽接时期多在形成层细胞分裂旺盛时进行，容易愈合和成活，因此我国无论南方和北方，春、夏、秋季，只要接芽发育充实，砧木达到嫁接粗度，砧穗双方形成层细胞分裂活跃，均可进行芽接。

芽接时应选取接穗中段的充实饱满芽，接穗上端的嫩芽、下端的瘪芽和隐芽都不宜采用。削取的芽片大小要适宜，过小时芽片与砧木的接触面小，嫁接难以成活；过大时芽片插入砧木切口时容易折伤，造成接触不紧密而降低成活率，且芽片大时砧木的切口也要相应加大，有些砧木较细时就难以操作。接芽必须包含生长点，在核桃方块形芽接时，取芽方法不当会使芽片内不含生长点，导致芽片嫁接成活后不能萌发。接芽也必须具有维管束（俗称芽垫），它是接芽与砧木之间进行水分与营养物质交流的通路，没有维管束的接芽难以成活。

一、丁字形芽接

丁字形芽接是果树育苗时最常用的嫁接方法之一，也称为"T字形"芽接（图5-1），在标准的丁字形芽接外还有许多类似的接法。丁字形芽接是芽接最基本的方法，故在此对丁字形芽接的操作进行详细阐述，之后的一些芽接方法可参考进行。

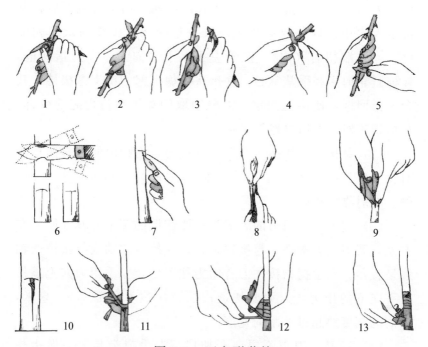

图 5-1　丁字形芽接

1—起刀；2—行刀；3—取芽片；4—正削芽片；5—反削芽片；

6—砧木切口；7—砧木竖切口；8，9，10—放入接穗；

11，12，13—包扎

（一）普通丁字形芽接

1. 适用范围

丁字形芽接适用于各种果树的嫁接，主要在生长季节进行，特别是在枝条旺盛生长的季节，以夏末秋初新梢上的芽已发育完全时为最佳，此时韧皮部和木质部容易分开，习惯称之为"离皮"，一般要求砧木和接穗均"离皮"。

2. 接芽的削法

（1）接穗的执握　选择当年生健壮、芽体饱满的枝条作接穗，去除叶片，保留约0.5厘米长的叶柄，用湿布包裹后将基部浸入水中，以备取芽片用。取一条接穗，接穗的末端朝前（外），先端朝后（内），握于左手，手掌向上，大拇指朝前，接穗紧靠拇指和手掌掌心，食指从接穗下部伸出支撑接穗，其余三指回握，使接穗固定。需要削取的芽眼在拇指之前少许，与拇指正对。左肘自然靠于腰间。

（2）芽接刀的执握　右手持芽接刀，拇指前伸，与四指相对，芽接刀的刀柄位于拇指与四指之间，刀刃伸向左（内）侧。右肘靠于腰间。

（3）起刀　将刀刃的后部放在要切取的芽上方0.5厘米左右处，刀刃向着接穗，与接穗垂直，芽接刀的轴线与接穗的轴线呈直角。右手拇指按住刀背用力往下压，左手用力向上承接右手向下的压力，刀刃要切透皮层，深达木质部1～3毫米，切痕的宽度要超过芽眼的宽度。

（4）行刀　刀刃不要离开切口，右手拇指与左手拇指相靠，刀背向外倾斜，使刀刃向内，向下，用力往下切，同时刀刃向右滑动。当刀刃到达芽眼部位时，右手往回扣，使刀与接穗的夹角变小为锐角，同时刀背继续向外倾斜，刀背与接穗的夹角尽量小，刀刃划过芽眼下部后继续削至芽下方约1厘米处。

（5）收刀　右手拇指前移，将削开的芽片按在刀片上，刀刃向上回削，从木质部削向韧皮部，直至将韧皮部切断，即可取下芽片。

（6）取芽片　右手继续回扣，左手将接穗枝条放至地上湿毛巾内，随后拇指和食指相对，捏住右手刀片上的芽片，芽的上端朝向左手虎口位置，下端朝外。

丁字形芽接法所用的芽片呈"盾"形，芽片长1.5～2厘米，宽 0.6～1 厘米。

3. 砧木的削法

丁字形芽接的砧木为 1～2 年生，砧木树龄不宜过大，皮层厚的砧木不易包严，影响成活。当砧木较粗时需选用较粗的接穗，从接穗靠近基部的位置取接芽，若砧木较细则选用较细的接穗，从接穗靠近上部的位置取接芽。嫁接时左手持芽片，与右手同时靠近需要嫁接的砧木，进行砧木的切削。切削前用左手手肘、前臂将砧木外挡，稍微压倒，露出需要嫁接的部位至眼前，方便操作。注意切削砧木时仅将皮层切断，勿伤木质部。

（1）横切　在砧木距离地面 5～10 厘米处，选光滑部位横切一刀，避开原来着生芽子的位置。右手持芽接刀，刀的轴线与砧木相垂直，刀刃稍低，刀背稍高，用刀刃的后部压向砧木皮部，用力下切，切至木质部后，右手外转，使刀刃以木质部为轴转动，将韧皮部切透，切口长度以超过芽片的宽度为宜，一般为 0.6～1 厘米。

（2）竖切　右手食指前伸与刀尖相近，用刀尖指向横切口的中间位置，食指第一节指肚与砧木相贴，与刀尖一起向下滑动约 2 厘米，收回刀尖，砧木上切口呈"T"字形。

在嫁接时为减少接穗离体暴露的时间，一般先处理砧木，可将砧木距地面 5～10 厘米适合嫁接的部位的叶片全部打掉。在嫁接时可准备一块湿布，将嫁接部位附着的土擦干净。

砧木的竖切口以恰好能装下芽片为宜，如果切口过短，则会出现接芽难以下推，或推的过程中将砧木皮层推破，使接芽不能与砧木完全紧密结合。切口过长时需要绑缚的范围也要相应扩大，如果不能将切口完全绑缚则会导致水分从切口处散失，降低嫁接成活率。横切口的长度也要比接芽略宽，但一般不超过砧木直径的 1/2。切砧木时切透韧皮部即可，尽量不要伤及木质部。

4. 芽片插入砧木的方法

右手用刀尖在纵切口与横切口的交界处将韧皮部向左、向右各轻拨一下，挑开一个小口后，左手将芽片的下端自撬开的开口处自上而下插入，轻轻下推，将芽片完全推入切口。有时推得太深时芽片上端与砧木的横切口离开，这时要将芽片往回推，使芽片的上端与砧木的横切口紧密相接。也有的人习惯用芽接刀后部的骨片将切口挑开。

5. 包扎的方法

放下芽接刀，取一根塑料条，双手持塑料带的两端，靠近塑料条的中部位置，将塑料条的中部位置对准竖切口下端靠下一点的位置，稍稍用力，左右手同时绕向切口相对的砧木的另一侧，交叉后左右手互换塑料条，将塑料条转向切口一侧，在接芽的下方再次交叉，交叉点要比第一次贴住接芽的位置要高，再次绕向切口的对侧，交叉，转向切口一侧，此时要在接芽的上方交叉，将横切口包严，然后转向切口的对侧，稍用力打一个结。在捆扎时力度要适中，不能太松，也不能太紧，使切口完全密封起来。

在生产中有不经捆扎也能嫁接成活的案例，但捆扎后成活率大大提高，如非特殊情况，均应进行捆扎。

（二）一点一横芽接

一点一横芽接时，芽片的削取与丁字形芽接相同，在砧木合适位置横切一刀（一横），然后在横切口的中央位置竖切一个极短的切口（一点），切口用刀尖拨开，将芽片从切口处插入，然后稍用力下推至接穗完全插入砧木切口中，芽片横切口与砧木横切口对齐，然后绑缚（图5-2）。一点一横芽接时要求接穗芽片较硬，能够承受下推的力量，将砧木皮层撑开。

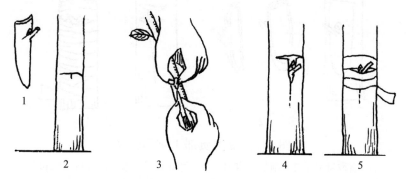

图5-2　一点一横芽接

1—接穗；2—砧木；3—将接穗插入砧木；4—接穗插入
砧木后的形状；5—包扎

（三）带木质部丁字形芽接

普通的丁字形芽接需要砧木和接穗均离皮，在砧木离皮而接穗不离皮的情况下可以采用带木质部丁字形芽接。

带木质部丁字形芽接时砧木的切削与普通丁字形芽接相同。削取接穗时采用2刀削成法，第一刀在芽上方0.5厘米处用力向木质部横切，要求切断的木质部2～3毫米深，第二刀从芽下方1厘米处下刀，斜向上滑切至第一刀切口的位置，两切口相连后取下一个盾形芽片，芽片内带木质部。这两刀的切削顺序也可以颠倒。其后接穗插入砧木的方法、包扎的方法均与普通丁字形芽接相同（图5-3）。

（四）倒丁字形芽接

倒丁字形芽接的接法有2种。

一种是将砧木的丁字形切口改为倒丁字形，接芽从下往上

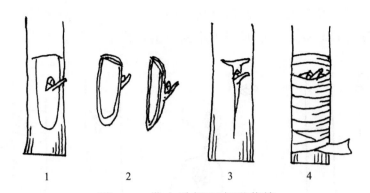

图 5-3　带木质部丁字形芽接

1—削取芽片；2—削好的芽片；3—将芽片放入砧木切口；4—包扎

插，这样使雨水不容易流进接口，从而提高雨季嫁接的成活率，也有嫁接者用这种方法来嫁接核桃，使伤流液从接芽下部的横切口流出，从而提高成活率（图 5-4）。

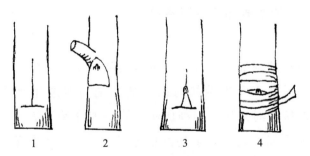

图 5-4　倒丁字形芽接（一）

1—砧木切口；2—接芽削取；3—接穗插入砧木状；4—包扎

另一种倒丁字形芽接是在削取芽片时反方向削，横切口在芽的下方，将芽片插入砧木时将芽片倒过来，极性与原生长方向相反，这样嫁接成活后长出来的枝条先向下生长一段后再向上长，枝条角度开张，利于成花结果（图 5-5），也可用于制作盆景。这种嫁接方法在山西运城地区多有应用。

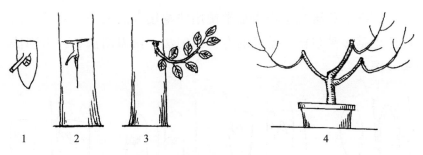

图 5-5　倒丁字形芽接（二）

1—芽片；2—将芽片插入砧木；3，4—接芽生长情况

（五）简化丁字形芽接

丁字形芽接嫁接成活率高，但操作较为繁琐，生产中为了提高嫁接速度，可以采用简化丁字形芽接法，削接穗时在芽眼上方 1～1.5 厘米处横切一刀，从芽下方 0.5 厘米处下刀，斜向上切，切至横切口处，取下芽片。砧木开丁字形口，将芽片插入砧木切口，最后仅将砧木横切口处绑缚即可（图 5-6）。这种接法适用于砧木稍微粗一点，砧木韧皮部稍厚的嫁接，一般要求嫁接的地区温度不能过高。

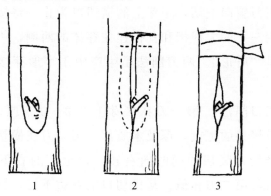

图 5-6　简化丁字形芽接

1—削芽片（接穗）；2—接穗插入砧木；3—包扎

丁字形芽接是生产中最常使用的嫁接方法之一，其芽片的削法也是多种多样，常见的有一刀削法、两刀削法、三刀削法等（图5-7）。

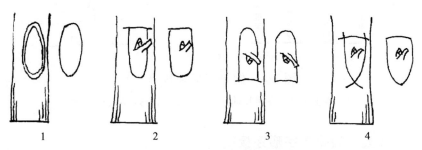

图5-7　丁字形芽接芽片的削法

1——刀削法；2，3—两刀削法；4—三刀削法

（1）一刀削法　见普通丁字形芽接法。此种削法速度快，需要较高的技术水平，只有熟练的嫁接工人才这样削。

（2）两刀削法　选接穗枝条中部饱满的芽作为接芽，左手持接穗，右手持刀，接穗正拿，先从接芽上方0.3～0.5厘米处横切一刀，深达木质部，将韧皮部切断，再从芽下方1～1.5厘米处，用刀斜向上切，至芽上的横切口为止。将接穗枝条交与右手，用左手的大拇指和食指捏住芽体的两侧，用力取下芽片，芽片呈"盾形"。两刀削法是生产中丁字形芽接最常使用的方法。

（3）三刀削法　第一刀在接芽上0.3～0.5厘米处横切，宽度要超过接芽的宽度，深及木质部。第二刀在横切口左边下刀，向下竖切，竖切的同时向右转，切至芽的右下方1厘米处，第三刀与第二刀相似，从横切口的右边下刀，切至芽的左下方。注意三刀要两两相交，这样便于取下芽片。此法只切断韧皮部而不切木质部，一般用于初学者，而且接穗要"离皮"

才行。

二、嵌芽接

1. 适用范围

嵌芽接可以在砧木和接穗不离皮时使用，以前只在嫁接量较大、来不及进行丁字形芽接时使用，一般在 9 月份或春季萌芽前，由于其操作简便，现在在砧木、接穗离皮时也可采用嵌芽接的方法（图 5-8）。

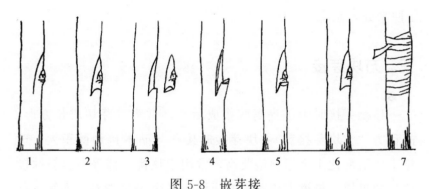

图 5-8　嵌芽接

1，2，3—取接芽；4—砧木切削；5，6—放入接穗；7—包扎

2. 接穗的削法

先在芽上方约 1 厘米处与枝条呈 30°角向芽的方向斜切 1 刀，长度超过芽的位置 1 厘米，在芽下 0.5 厘米处斜向下削，角度为 45°，与第一刀相交，然后取下 1～2 厘米长的带木质部芽片。

3. 砧木的削法

选择生长健壮的砧木，在距地面 5～10 厘米比较光滑的一侧，将砧木在距地面 3～5 厘米处斜向下呈 45°角横向切一刀，深达木质部的1/3，在其上方1.5～2厘米处向下斜推一刀至横切口，把木片取下，削面要平滑，其形状与接穗芽片相同。砧木的切口要与接穗芽片等长或略大于接穗。若砧木切口较小，则使芽片无法完全放入切口中。

4. 接穗插入砧木的方法

将芽片放入砧木的切口中，保证至少有一侧的形成层对齐。砧木切口上端要露白，以使接口处愈合完全。

5. 捆扎的方法

用塑料条自接口下1厘米处开始自下而上绑扎至接口以上1厘米处，系牢。

三、方块芽接

核桃芽接时为了提高嫁接成活率，常将接芽切成长方形，故称为"方块芽接"。方块芽接时接芽与砧木接触面积大，理论上成活率比丁字形芽接要高，常用于核桃、柿等不容易嫁接成活的果树，核桃方块芽接的成活率可达95%左右，熟练工每天可嫁接300个。方块芽接一般有侧开门方块芽接和工字形方块芽接两种方式。

（一）侧开门方块芽接

1. 适用范围

侧开门方块芽接（图5-9）主要用于核桃夏季芽接。嫁接的适宜时期为5月底至6月中旬，此时核桃植株内的酚类物质较少，嫁接成活率比秋季嫁接高，接芽当年可萌发成苗。也有在7～8月份进行嫁接的，但接后接芽当年不萌发（闷芽接），第二年才剪砧、萌发成苗，主要用于5～6月份嫁接没有成活

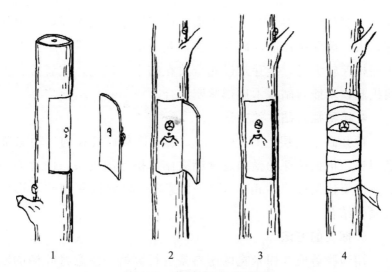

图 5-9　侧开门方块芽接

1—切取芽片；2，3—砧木开口并嵌贴芽片；4—包扎严密

的砧苗补接。

2. 接芽的削法

用当年的新梢做接穗，剪取接穗的同时将叶片剪掉，取接穗中上部的饱满芽。取接芽时用刀先将叶柄留 0.5 厘米左右削去，在接芽上下各 0.5 厘米处平行横切一刀，在接芽叶柄两侧 0.2 厘米处各竖切一刀，与横切刀口相交呈"井"字形，用拇指和食指按住叶柄处快速横向剥离，取下一个长方形的芽片，注意要带上生长点——芽片内面芽基下凹处的一小块芽肉组织。传统的方块芽接时削接芽的刀口呈"口"字形，常出现接芽难以取下的情况，改良的削法刀口成"井"字形，能够方便取下接芽。

3. 砧木的削法

在砧木下部粗细合适的光滑部位横切一刀，在此刀口之上适当位置平行横切一刀，两刀口间距离与接芽方块长度相当，在其一侧竖切一刀，与上、下横刀口相连通。砧木开口要比接芽稍大，确保芽片能与砧木木质部紧密结合。如果砧木的开口小而接芽较大时，接芽难以完全放在砧木开口内，或者接芽方块拱起，不能与砧木木质部紧密结合。

4. 接穗插入砧木的方法

挑开砧木皮层，开个"门"，放入接芽，接芽的一边紧靠竖刀口，依据接芽的横向宽度撕去砧木挑起的皮层，注意去掉的皮层要比接穗芽片稍微宽 1～2 毫米，以利接芽和砧木形成层紧密结合。

5. 捆扎的方法

用地膜剪成 3 厘米宽的塑料条进行绑缚，注意将叶柄的断面包裹严实，露出芽眼，防止腐烂。

6. 注意事项

嫁接完成后，用修枝剪将接口以上的砧梢留 1～2 片复叶剪去，控制砧木的营养生长，有利接芽成活。嫁接后 10 天左右检查成活，成活的将嫁接口以上的砧木剪掉，促进接芽萌发。未接活的安排补接。

（二）工字形方块芽接

方块芽接的砧木切法也有开"工"字形口的，称为工字形方块芽接。接穗切法与侧开门方块形芽接相同，砧木的切口略有差别，先横切两刀，竖切时在两道横切刀口的中间切一刀，将砧木的皮层向两边挑开，放入接芽，绑缚。工字形芽接不去掉多余的皮层，此法也称开门接。

四、套芽接

也称环状芽接，主要用于柿树等嫁接不易成活的树种

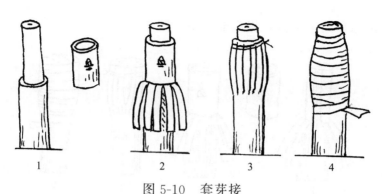

图 5-10　套芽接

1—取接芽；2—将接芽套在砧木上；3，4—包扎

（图5-10）。

1. 砧木的削法

将砧木剪断，自剪口处往下竖切6～8刀，长2厘米，将皮层下翻。也可类似于环剥的操作，在砧木光滑部位横割2道，切口间相距2厘米左右，再竖切一刀，取下皮层。注意不要碰到环剥口，避免对形成层造成损伤。

2. 接穗的削法

取皮层较厚的接穗，剪去叶片，在芽的上方0.5～1厘米剪掉，在芽下方0.5～1厘米处环割一道，取下一个圆环状的芽片，宽度略小于2厘米。为了使接穗和砧木结合紧密，可在接穗芽的对面竖切一刀，成为一个开口的芽套。

3. 接穗插入砧木的方法

将圆环状的芽片套在砧木上，下端与砧木切口对齐，将下翻的砧木皮层复位，最后绑扎牢固。注意芽套的周长要小于砧木环剥口的周长，如果芽套的周长大于砧木剥口的周长，可将芽套在芽对侧的环皮切去一条，以使芽套与砧木密接。

套接时砧木切口可以留5毫米左右的一条皮层不往下翻，接穗在芽的对面一侧削去一段使接芽呈开口的环状，这样有利于接穗和砧木密接，提高成活率（图 5-11）。

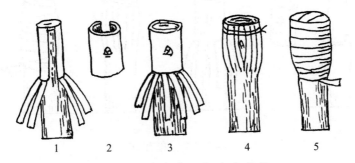

图 5-11　砧木背面留皮套芽接

1—砧木切削；2—接芽；3—接芽套接；4，5—包扎

五、半芽接

1. 适用范围

常规的嫁接至少保证接穗上要有一个完整的芽，嫁接成活后接芽萌发形成一棵新的植株。在一些新品种选育之初，接芽数量少，为了提高繁殖效率，尽快增加种苗数量，可以尝试采用半芽接的方法（图 5-12）。

2. 砧木的削法

半芽接的砧木削法与普通丁字形芽接的砧木削法相似，只是开口呈"Γ"形。

3. 接穗的削法

半芽接接穗的削法与普通丁字形芽接相似，只是需要在接芽中间竖切一刀，将芽分成左右 2 半，可以嫁接 2 株。

其他操作方法与丁字形芽接相同。

另外在带木质部芽接时也可以用半芽接，将接芽从中间切开分成 2 个，其他操作参考嵌芽接的方法进行（图 5-13）。

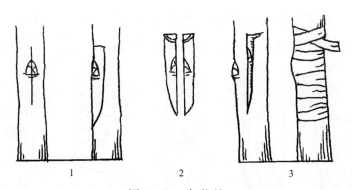

图 5-12　半芽接

1—取接芽；2—接芽；3—将接芽放入砧木、包扎

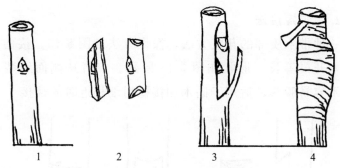

图 5-13　带木质部半芽接

1—接穗；2—削好的接芽；3—将接芽放入砧木；4—包扎

　　半芽接嫁接成活后仅有半个芽，发枝生长受到限制，现在已很少使用这种方法进行嫁接。

六、其他芽接方法

1. 对芽接

　　在丁字形芽接或者方块芽接时，有的嫁接者认为将芽片放在砧木上原来生长有芽的位置，容易嫁接成活，有利于接芽的生长。嫁接操作是在砧木上选有芽的部位，切去与接穗同等形状和大小的芽片，使接穗的芽片与砧木的芽的位置对起来（图 5-14）。

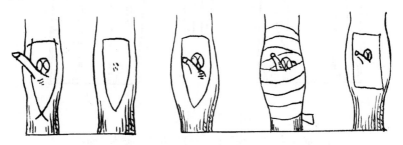

图 5-14　对芽接

2. 奥尔嫁接法

一种带木质部的芽接方法，操作方法如图 5-15。接穗芽片和砧木开口等长，形状如图 5-15 所示。二者从侧面组装在一起，不容易脱落，适用于砧木和接穗粗细相近时的嫁接。

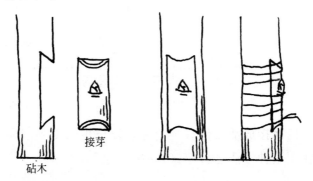

接芽

砧木

图 5-15　奥尔嫁接法

3. 单芽贴接法

芽片采用一刀削法，呈梭形，砧木削成同样大小的梭形开口，将芽片贴上去绑缚即可，如果操作熟练，嫁接速度会很快（图 5-16）。

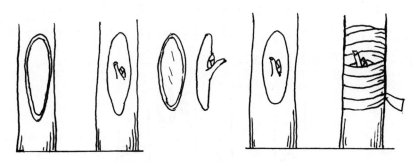

图 5-16　单芽贴接法

4. 双重盾片芽接

主要用于矮化苗的培养，采用常规的丁字形芽接，将具有矮化特性的砧木取一块芽片放入品种接芽的下方，待愈合成活后，苗木有一定的矮化效应（图 5-17）。

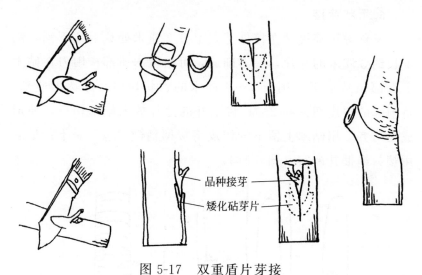

品种接芽

矮化砧芽片

图 5-17　双重盾片芽接

5. 芽片腹接

果树腹接时一般采用枝接，有时为了在缺枝的部位增加枝量，采用芽片腹接的方法（图 5-18），一般采用嵌芽接的方法或者丁字形芽接的方法，嫁接成活后在所接芽片的上方进行刻伤，促进接芽萌发，长成枝条。

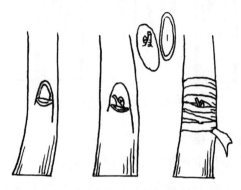

图 5-18　芽片腹接

6. 舌状芽接

又称琼氏芽接。在接穗芽点上方 2 厘米处从上往下削，削下长约 3 厘米的芽片，一刀削成，可略带木质部；用刀在砧木平滑部位从上至下削长 3～4 厘米的舌状切口，深达木质部，将削起的树皮切去约 2/3；将削好的芽片放入砧木切口，使形成层对齐，用砧木上留下的树皮将接穗稍微"包"一下；最后用塑料绳捆扎严实（图 5-19）。

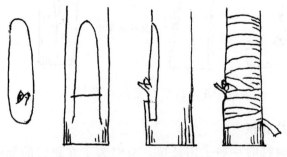

图 5-19　舌状芽接

7. 钩形芽接

钩形芽接是在取接穗时，接芽位于芽片的一侧，形似一个小钩（图 5-20），砧木开"Γ"形口，将芽片塞入砧木切口即可。

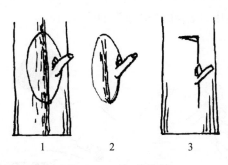

1   2   3

图 5-20　钩形芽接

第二节　枝接技术

枝接是以枝段为接穗的嫁接方法，每接穗带有 1～3 芽，与芽接法相比，枝接操作技术比较复杂，工作效率较低。枝接的优点是嫁接苗生长快，在砧木较粗、砧穗处于休眠期而不易剥离皮层、幼树高接换优或利用坐地苗建园时，采用枝接法较为有利。春季枝接于树液开始流动、芽尚未萌发时即可进行，直至砧木展叶都可嫁接，北方落叶果树栽培地区春季枝接多在 3 月下旬至 5 月上旬，南方落叶果树春季枝接多在 2～4 月进行。枝接的历史悠久，方法多种多样，用途广泛，常见的有劈接、切接、插皮接等十多种，不同的枝接方法砧木和接穗的削法有一些差别。

一、劈接

劈接是在砧木断面中间位置上用刀劈开一个切口，然后将接穗插入切口中，故称"劈接"（图 5-21）。

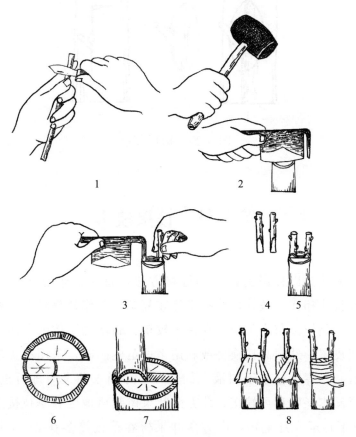

图 5-21　劈接

1—削接穗；2—劈开砧木；3—插入接穗；4—削好的接穗；

5—插入 2 根接穗；6，7—接穗一面形成层对齐；8—包扎

1.适用范围

嫁接时砧木不需要离皮，因此可比插皮接的时期提前一些，北方地区多在 3 月下旬到 4 月下旬芽萌动前至展叶期进行。核桃枝接的时间很关键，一般在砧木展叶后伤流少，成活率高。劈接法砧木切口能够紧夹接穗，成活后不容易被风吹折，多用于砧木比接穗稍粗或等粗时的嫁接。劈接的砧木直径宜在 1～5 厘米，砧木过粗不易劈开，嫁接时不容易操作，砧木过细的不容易将接穗夹紧，影响嫁接成活。

2.砧木的削法

选择直径 1 厘米以上的砧木，离地面 5～10 厘米左右剪断或锯断，削平锯口，用劈接刀沿砧木断面中心垂直切下，切口深 4～5 厘米。高接时结合树形改造对树冠内的主枝、枝组等进行回缩，削平锯口，再用劈接刀在枝条中间劈开。砧木细时用左手执刀、右手大拇指用力压刀背即可切入，稍粗时用手掌拍击，再粗则需用橡胶锤或硬木棒敲击，切勿用铁锤，以防把刀背打坏。

3.接穗的削法

接穗留 1～3 个芽眼，在接穗基部与接穗上端第一个芽相对应的侧面各削一个长 3～5 厘米的斜面，两侧斜面等长，呈楔形。削面要求长、光、平，不能有弧度。枝接的接穗一般事先用石蜡封闭，如果接穗没有蜡封，则需要在捆扎后埋土或套塑料袋保湿。为方便描述，以下的枝接方法所用接穗如没有特别说明，均用的是已经蜡封的接穗。

4.接穗插入砧木的方法

接穗削好后立即插入砧木切口，最好是接穗和砧木两侧的形成层能对齐，如二者粗细不同，则至少将接穗和砧木的一面形成层对齐，这是嫁接成活的关键。接穗插入时讲究"露白"，即接穗的削面有高约 0.5 厘米半月形刀口外露，不能全部插入砧木中，这样更容易使接穗和砧木结合紧密。大树高接时，水平的主枝较粗的可以切水平的切口，一边插一支接穗，以利砧木嫁接口愈合，同时一支接穗培养成骨干枝，另一支培养成枝组，尽快恢复树冠。只接一支接穗时可用有 2～3 个芽的长接穗，可早恢复树冠，最好接于砧木口的上方或外侧，接穗主芽在接穗的下侧或外侧，便于将来发枝后调节角度。

5. 捆扎的方法

接穗插入砧木后用塑料条自上而下把剪截口和纵劈口缠绕严实，接穗基部和切口结合部特别要裹严。

6. 劈接注意事项

形成层对齐是嫁接成活的关键，初学者嫁接时形成层不能很好地对齐是嫁接失败的主要原因，一是接穗削面的角度与砧木开口的角度不一致，导致接穗与砧木之间上松下紧或上紧下松；二是接穗削面凹凸不平，砧穗之间只有部分接触；三是接穗两面宽窄不同，一面夹紧后另一面有很大的缝隙；四是砧穗粗度不一致，形成层没有对齐（图 5-22）。劈接时要注意捆好后接穗不能松动，即使用手摇也不易晃动为宜，初学嫁接的人常捆扎不严，常因接穗松动而造成嫁接失败。

另外葡萄劈接时可以采用下面的方法进行（图 5-23），接穗斜面的基部削一个平口，便于和砧木断面接触，增加形成层的接触面积，有利于提高嫁接成活率。

枝接时一般是砧木粗、接穗细，但有时也会碰到砧木细、接穗粗的情况，这时候就需要用到"倒接"，一般模仿劈接的方法进行，砧木按照接穗的削法，接穗按砧木的削法，最后将砧木插入接穗中的一种嫁接方法。

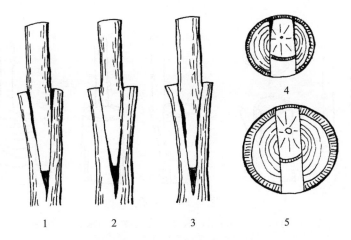

图 5-22　劈接砧穗结合不好

1—上松下紧；2—上紧下松；3—削面不平；

4—外窄内宽；5—形成层未对齐

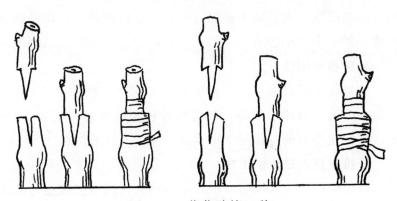

图 5-23　葡萄劈接 2 种

二、切接

1. 适用范围

一般用于砧木稍粗于接穗时的嫁接（图 5-24）。

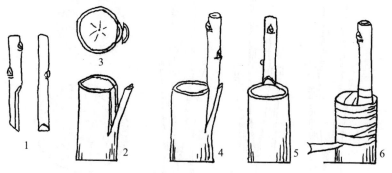

图 5-24　切接

1—接穗；2—砧木；3，4，5—接穗放入砧木；6—绑缚

2. 砧木的削法

砧木从合适的部位锯断，削平锯口，选择砧木皮厚、光滑、文理顺的地方把砧木纵向切开 4 厘米左右，切口宽度与接穗直径相等或稍大，砧木被切成一大一小的两部分，小的部分较薄，像一个"小舌头"。

3. 接穗的削法

在接穗下端斜削 1 刀，角度较大，深达接穗的 $1/3\sim1/2$，再向下平削，削掉木质部，削面与接穗枝段平行，长 $3\sim4$ 厘米，再在此削面的背面削个小斜面，长 0.5 厘米左右。

4. 接穗插入砧木的方法

将接穗插入砧木的切口中，使接穗的长削面形成层与砧木切口的形成层对齐，靠紧，露白，用小舌头将接穗包起来。

5. 捆扎的方法

用塑料条自下而上绑缚，将所有的切口绑扎严密。

6. 注意事项

有的切接部位距地面较近，绑缚后可覆土保湿。

切接时接穗外面的皮层与砧木切下来的小舌头相接，但是此处没有形成层的结合，可以将砧木小舌头处的木质部去掉，同时将接穗相对应的一条的皮层刮掉，露出形成层，接穗放入砧木后用砧木的皮层将接穗包起来，这样可以增加形成层接触面积，大大提高嫁接成活率（图5-25）。

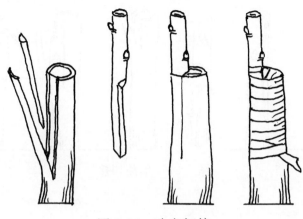

图 5-25　改良切接

另外一种切接的方法是将砧木的小舌头直接去除，接穗贴在砧木的切面上即可，也称切贴接（图5-26）。

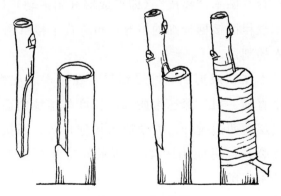

图 5-26　切贴接

采用单芽切接的方法，接穗只用一个芽，先在接穗芽的一侧削一个长削面，再将芽剪下来，接穗长 1～2 厘米，上、下各剪一个小斜面，将接芽放入砧木切口，使芽朝向一侧，绑缚时将接芽全部包扎起来（图 5-27）。

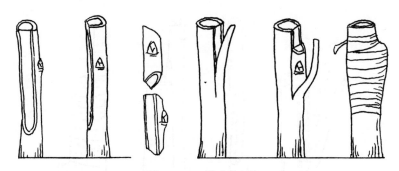

图 5-27　单芽切接

三、插皮接

1. 适用范围

必须在春季砧木"离皮"（即形成层开始活动）以后进行，适用于砧木较粗而接穗较细的情况，也称皮下接（图 5-28）。

2. 砧木的削法

先将砧木锯断或剪断，削平锯口，在砧木表皮光滑部位，由上向下垂直划一刀，深达木质部，长度与接穗削面等长，同时用刀将皮层向两边挑开，方便插入接穗，防止插接穗时将砧木的皮层撕裂。也可使用图 4-14 所示的特制开皮刀，可以方便地切开砧木皮层。

3. 接穗的削法

取蜡封后的接穗一根，留 1～3 个芽，从接穗距下端 4～5

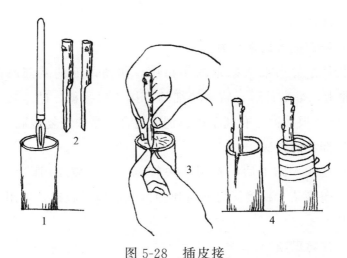

图 5-28　插皮接

1—砧木切口；2—接穗削面；3—插入接穗；4—绑缚

厘米处下刀，先将刀横切至木质部约 1/2 深，再将刀稍微放平，倾斜削出至接穗下端，削面成一个马耳形，然后在削面的背面先端轻轻削一个小斜面，长 0.5 厘米，也可左右削两刀，呈两个小斜面，便于往下插接穗（图 5-29）。还可以将削面的背面蜡层、皮层轻轻用刀刮去，露出白绿相间的韧皮部，这样可以加大接触面，有利水分和营养运输，促进愈伤组织的形成。削面长度一般为 3～4 厘米，主要目的是增加接穗与砧木的接触面积，提高嫁接成活率，削面过短或削面的角度过大都

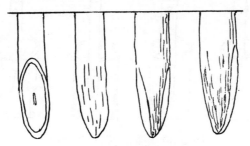

图 5-29　插皮接接穗削法

不利于成活。

4. 接穗插入砧木的方法

接穗削好后插入砧木的小口中，接穗削面的基部露白约
0.5 厘米，呈半月形。砧木较细的可接一根接穗，砧木较粗时
可接 2～4 根接穗，有利于接口创面愈合，尽快恢复树冠。

5. 捆扎的方法

接穗插入砧木后，先用一块较宽（一般宽 10 厘米左右）
的塑料布将砧木和接穗的创面和创口全部包裹起来，再用塑料
条捆扎严实。

6. 注意事项

插皮接的砧木与接穗的接触面大，嫁接容易成活，手法容
易掌握，操作简便，嫁接效率较高，生产上应用较多。插皮接
时要求砧木直径在 2 厘米以上，太细的砧木不适宜用插皮接，
因此多用于大树高接换优。插皮接砧木和接穗的结合牢固性
差，旺盛生长的接穗容易被风刮折，因此必须在嫁接成活后及
时支护。

插皮接时接穗与砧木仅靠皮层相连，接合部不牢固，接穗
萌发后生长量大，容易被风刮折，因此可以在嫁接时在嫁接部
位钉几个钉子，增加机械支撑力（图 5-30）。

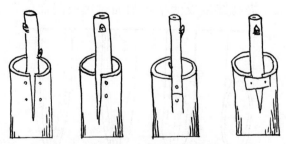

图 5-30　插皮接固定接穗

在插皮接时，可以将接穗马耳形削面相对应的皮层剥去，砧木不用开竖切口，而是将接穗小心从砧木韧皮部和木质部的交界处插入即可，称为插皮袋接（图5-31）。

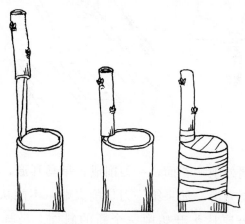

图5-31　插皮袋接

四、舌接

舌接是指"带有小舌头的嫁接"，砧木和接穗均由一个"舌头"，互相咬合，以扩大砧木和接穗的接触面积，提高嫁接成活的概率（图5-32），又叫双舌接。

1. 适用范围

舌接适用于砧径1厘米左右，并且砧木、接穗粗细大体相同时的嫁接。由于舌接砧穗形成层接触面积大，愈合快，接合牢固，所以成活率很高。酸枣嫁接大枣、葡萄嫩枝接时采用。虽然舌接法操作较为复杂，但容易嫁接成活。

2. 接穗的削法

舌接时接穗要稍微长一点，一般保留2～3个芽。取一根

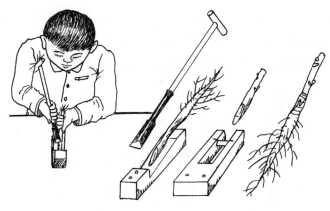

图 5-32　舌接

接穗，从下端处削一斜面，一刀削成，呈马耳形，斜面长 5～6 厘米，切面要光滑。如果第一刀切削失败，不能从削面的中间开始修削，需要从头开始削一个新的斜面。马耳形斜面削好后，用刀在削面靠近前端的 1/3 处直削进去，深约 2 厘米。

3. 砧木的削法

砧木剪断后，削法与接穗的削法相同，尤其马耳形削面的角度要相同，竖切口的位置也要对应，这样有利于砧木和接穗对齐。

4. 接穗插入砧木的方法

接穗和砧木的两个斜面相对，将小舌头相互插入，切面的形成层要对齐，如果接穗和砧木粗细不一致，则必须保证有一侧的形成层要对齐。

五、腹接

（一）皮下腹接

1. 适用范围

皮下腹接是高接换优时，在光秃的枝干上培养主枝或侧枝常采用的方法（图 5-33）。一般在多年生主枝或主干上嫁接，需砧木离皮。

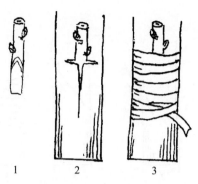

图 5-33　皮下腹接
1—接穗；2—接穗插入砧木；3—绑缚

2. 砧木的削法

先确定需要补接枝条的位置，用锋利的刀子削去老皮，长度比接穗稍长，用芽接刀开一个"T"形口，在"T"形口横刀口上方 1 厘米左右向横刀口处削一斜口达横刀口处，呈半月形，这样插入的接穗不会被横刀口处的树皮支起来，使接穗与砧木紧密结合。

3. 接穗的削法

接穗一般采用单芽接穗，长 3～5 厘米，在芽的背面自接穗最上端至最下端削一个大斜面，在芽的下方削一个小斜面。

4. 接穗插入砧木的方法

将接穗斜插入砧木切口，至少保证一侧的形成层对齐。

5. 捆扎的方法

用塑料布将接穗、砧木的切口全部包扎起来。

腹接时接穗正直插入砧木时容易在接穗和砧木之间存在一个缝隙，不好绑缚，可以将砧木按照嵌芽接的方式，开成盾形切口，深达木质部，接穗下端削成楔形，插入砧木时接穗斜插，将一面的形成层对齐，使接穗和砧木贴合紧密，有利于成活（图 5-34）。

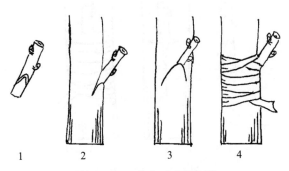

图 5-34　改良皮下腹接
1—接穗；2，3—接穗插入砧木；4—绑缚

有的地方进行腹接时，在接穗芽的背面开始下刀，削成一个与接穗几乎等长的削面，将接穗整个插到砧木的嫁接口里，接穗上端与砧木的横切口对齐，用宽为 10 厘米的塑料布捆扎，将嫁接口和接穗全部包严，有利于接穗和砧木完全贴合，可称为"埋芽腹接"（图 5-35）。如果砧木切口夹力不足，还要用绳子捆紧固定。接穗尽量短留，一是便于包扎，二是发枝基角大，不易劈裂。

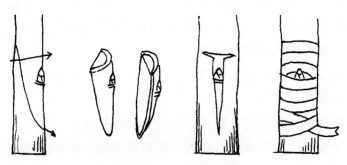

图 5-35　埋芽腹接

（二）单芽腹接

1. 适用范围

常用于高接换优、育苗等。适用于直径0.8～2厘米的小砧木（图5-36）。优点是嫁接后结合牢固，可供嫁接的时间较长，操作简便，嫁接速度快，熟练工一天可接500株以上，节省接穗，一株苗只需一个接芽，可提高繁殖系数。

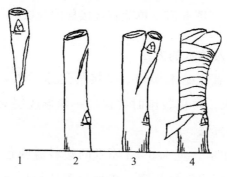

图5-36　单芽腹接（一）

2. 砧木的削法

在砧木顺直平滑的部位，用剪子剪掉砧木的上部，剪口稍倾斜。剪砧木的切口时，在斜剪口稍高的一侧以下0.5厘米左右处下剪，将剪刀斜立向下剪切，与砧木成30°～45°角，剪口深度一般为砧木直径1/3～2/3，剪口长4厘米。

3. 接穗的削法

选用比砧木稍细的接穗，在接穗枝条下端，芽的两侧往下1厘米处下刀，削成3～4厘米长，外宽内狭的楔形斜面，正面较厚，背面较窄（图5-37）。切面一刀削成，平滑无毛刺。再在芽上1厘米处剪下，成为一个接穗。注意接穗不是先剪成一段一段的再削，而是先在整条接穗的基部削好后再剪下来一段带芽的枝段。

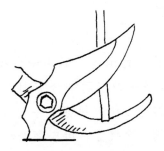

图 5-37　单芽腹接接穗的削法

4. 接穗插入砧木的方法

用左手轻掰开砧木切口，将接穗迅速插入，对齐形成层，露白 3～5 毫米。接穗较细时要保证一侧形成层对齐。

5. 捆扎的方法

用长 30 厘米，宽 1.5～2 厘米的塑料薄膜包扎，从下往上包扎，切口处可多缠绕几圈，接穗顶端的切口也要包严，接芽处只包一层，且要稍微用力拉一下，以使接芽包扎紧密，芽萌动后可自行破膜而出。包扎时要小心，防止接穗移动导致形成层错位而影响嫁接成活率。

6. 注意事项

生产中单芽腹接时，常常一个人拿剪刀进行嫁接，另一人拿塑料膜绑缚，速度快，成活率高。单芽腹接的工具仅是一把剪刀，减少了一般嫁接时多种工具混用，来回倒替的麻烦，嫁接速度快。单芽腹接所用的剪刀要求大刃要平，无小刃。ARS 剪刀的刀口上有小刃，不方便进行单芽腹接，而国产的普通剪刀一般无小刃，可以用来进行单芽腹接。

生产中腹接还有很多种形式（图 5-38），可以根据不同的情况选择利用。

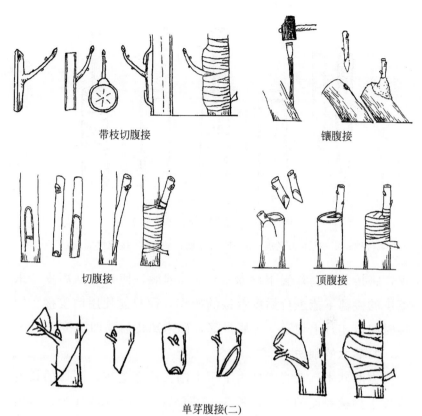

带枝切腹接　　　　　　　镶腹接

切腹接　　　　　　　　　　顶腹接

单芽腹接(二)

图 5-38　各种腹接

六、插皮舌接

1. 适用范围

插皮舌接主要用于核桃嫁接，要求砧木和接穗都离皮，采集接穗以树液已经开始流动，而芽尚未萌动时为宜（图 5-39）。采集过早，不易离皮，采集过迟，芽已萌动，嫁接成活率低。也有的在冬季采集接穗，这样的接穗需要提前增温促进砧木离

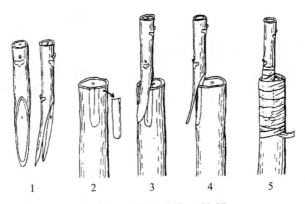

图 5-39　插皮舌接（核桃）

1—削接穗；2—砧木去老皮；3—插入接穗；4—插入接穗侧面观；5—绑缚

皮，将接条放到常温下沙藏 2～3 天催醒，使其萌动离皮。未离皮的接穗不能进行插皮舌接的操作，而只能使用插皮接。嫁接时间以 4 月上旬至 4 月底最好，砧木离皮后立即嫁接。

2. 砧木的削法

锯断砧木，选光滑处由下至上削去一条老皮，削口的长度略长于接穗斜面的长度，长 5～7 厘米，宽 1～1.5 厘米，露出嫩皮，做到"露青不露白"。

3. 接穗的削法

接穗削成长 4～6 厘米的单削面，呈马耳形，用手捏开削面背后的皮层，使之与木质部分离。

4. 接穗插入砧木的方法

将接穗削面皮层捏开，把接穗的木质部插入砧木断面削去表皮处的木质部和皮层之间，用接穗捏开的皮层盖住砧木表皮的削面，接穗"露白"约 0.5 厘米。

5. 捆扎的方法

用塑料条绑扎严实。绑扎前先在砧木截面上盖一块稍大的塑料膜，将截面和切口完全包严，绑扎时从上往下，将接穗完全包扎。用塑料条从上往下将砧木、接穗绑紧，使用蜡封接穗时只包扎嫁接结合处即可。

6.注意事项

接穗不离皮时很难捏开，进行插皮舌接的接穗要事先进行催醒处理，使之离皮。催醒方法同种子的催芽，注意把握处理的时间、温度和湿度，催醒时间过长会使接穗萌发，导致嫁接成活率降低。插皮舌接方法稍微繁琐一点，但它是核桃枝接成活率最高的方法。

七、靠接

1.适用范围

靠接又名呼接、诱接（图5-40）。一般适用于砧穗粗细相差不大，嫁接不容易成活的珍贵树种。一般以5～7月份生长旺盛的时期嫁接为宜。

2.砧木的削法

在砧木合适的部位削去一部分韧皮部，削口成"梭形"，需露出形成层。

3.接穗的削法

接穗的削法与砧木相同，削口最好大小一致，方位也相对应，方便对齐。

4.接穗与砧木对齐的方法

将砧木和接穗削口对在一起，使其形成层相互对齐，

5.捆扎的方法

结合部用塑料薄膜捆扎结实。

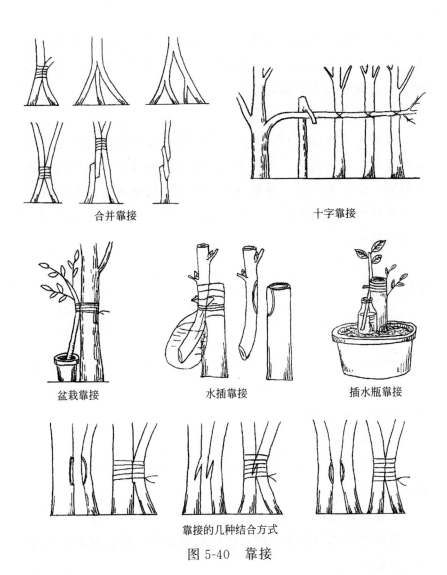

合并靠接

十字靠接

盆栽靠接

水插靠接

插水瓶靠接

靠接的几种结合方式

图 5-40　靠接

6. 注意事项

　　将砧木移栽在花盆中，方便移动。嫁接时将花盆移至准备靠接的母株旁。经过 2～3 个月的愈合后，将接穗与母株分离，并剪去嫁接口以上的砧木。靠接时可用钉子固定嫁接部位。

八、绿枝嫁接

枝接一般采用的是硬枝嫁接，即接穗没有发芽时进行嫁接，一些常绿果树嫁接时接穗上带有芽和叶片，称为绿枝嫁接（图5-41）。绿枝嫁接是用尚未成熟的枝条，嫁接所用的砧木和接穗均处于绿枝阶段的一种嫁接方法，具有操作简便、嫁接速度快、嫁接成活率高等特点，经常应用于老园改造、新品种扩繁等。绿枝嫁接时间不宜太晚，一般在5～6月份，否则接穗生长时间短，枝条发育不充实，越冬困难。砧木和接穗达到半木质化，是嫁接的最佳时期。嫁接过早，枝条没有达到半木质化，接穗不容易成活；嫁接过晚，接穗成活后生长时间较短，到秋季时成熟度不够，容易遭受冻害。嫁接后立即去除接口叶腋下的砧木副梢。嫁接后立即套上塑料袋保湿，接芽成活后再去掉塑料袋。具体的嫁接操作方法可以采用插皮接、劈接、靠接、舌接、嵌芽接等，请参考本书的相关内容。

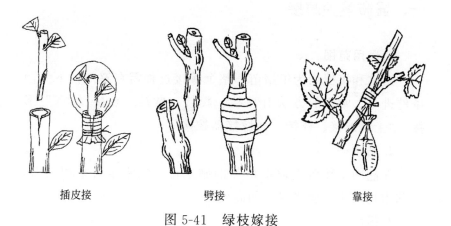

插皮接　　　　　　　劈接　　　　　　　靠接

图 5-41　绿枝嫁接

第三节　微型嫁接技术

微型嫁接是指将从母株上切取茎尖嫁接在温室中培养的幼苗或试管中生长的幼苗上的嫁接技术。微型嫁接可获得无病毒植株，用来培育脱毒苗和快速繁育无病毒苗木，也用来进行果树检疫，快速检测植物病毒等。微型嫁接的优越性突出：①周期短、费用低、占地少、成活率高；②进行嫁接后，生长条件可以人为控制，提高了有关科学研究的可信度；③不受传统嫁接方法时间上的制约，可常年在实验室内进行；④有利于嫁接亲和力的研究。果树微型嫁接已被广泛用于柑橘、桃、杏、樱桃、李、苹果、枣等果树的研究与生产。微型嫁接根据所选用的接穗不同，可分为茎尖嫁接、微枝嫁接、愈伤组织嫁接和细胞嫁接等。

一、显微茎尖嫁接

1.适用范围

砧木和接穗均为组培苗，整个嫁接过程需在解剖镜下无菌条件进行。常用的方法有顶接、腹接、劈接、点接、"T"形接、"⊥"形接、椅接、微嫁接器嫁接等。

2.砧木

在超净工作台上取出培养的砧木苗，用手术刀平切1刀，将砧木切成1.5厘米左右的高度。

3.接穗

接穗保留0.2~1毫米长，有2~3个叶原基。

4. 嫁接方法

（1）顶接　顶接是将准备好的接穗茎尖直接放置在砧木的切面上，使茎尖与砧木的维管束接触。

（2）"⊥"形接　在砧木顶端用解剖刀自上向下纵切一刀，长约 1 毫米，然后在纵切口下端横切一刀，长 1～2 毫米，切口切断皮层，深达形成层，将接穗茎尖放入砧木切口内，茎尖下端与横切口的皮层相接触。

（3）椅接　将砧木顶端切成椅子的形状，接穗茎尖切成相对的形式，将接穗茎尖放置在砧木上，使茎尖与砧木的维管束接触。

5. 接后管理

显微茎尖嫁接后，立即使嫁接苗每天接受 26℃，4000lx 光照 16 小时和 23℃，8 小时黑暗的处理。1 周后可产生愈伤组织，6 周后接穗形成有 4～6 个叶片的嫩梢，可将嫁接苗移到花盆内。

二、组培茎尖嫁接

在无菌条件下，将作为砧木的组培苗去头，留长约 1.5 厘米的茎段，并沿砧木顶部纵切，长度为 6～8 毫米，然后切取苗高约 1 厘米的接穗，留顶部 2 片发育完全的叶子，并将其基部削成 "V" 形（长 3～5 毫米）。然后将接穗插入砧木中，使接穗与砧木的切面对准，最后用锡铂纸将接口部位绑紧，把嫁接试管苗接入新的培养基中生长。

嫁接成活率和污染率高低在很大程度上取决于嫁接时的熟练程度和嫁接速度。在嫁接时应尽量提高速度，单株嫁接完成时间应在 4 分钟以内，保证 1 小时的嫁接数量在 15～20 株，并做到接口平整、包扎牢固，以免砧木、接穗失水影响成活。

三、田间茎尖嫁接

砧木是播种的实生苗，接穗是组培条件下的脱毒苗。将接穗切成长度为 1 厘米左右的带有芽的茎段，消毒，冲洗；在砧木顶端幼嫩部分切一个倒 T 形口，横切一刀，竖切一刀，将切好的茎段放入砧木切口；用铝箔或胶带固定；嫁接后立即用塑料袋套住嫁接苗保湿，以后逐渐通风锻炼，撤去塑料膜袋，移栽。

四、子苗茎尖嫁接

核桃子苗茎尖嫁接是以萌发不久的子苗为砧木，以无根试管苗为接穗，通过嫁接繁殖优良品种的技术。将子苗栽入装有营养土的纸杯中，在子苗真叶展开以前嫁接，接穗为无根试管组培苗，健壮、苗高 1.5 厘米以上、基径大于 4 毫米，叶片发育正常，采用劈接法，接口距子苗根颈部 4～5 厘米，嫁接完成后接口用塑料夹或封口膜固定，外套一塑料袋保湿，将纸杯置于干燥、光照充足、温度 25～28℃条件下，嫁接后 30 天成活率可达 90%。

第四节　室内嫁接技术

大多数的嫁接操作是在大田完成的，砧木固定在大田土壤中，也有一些嫁接是在室内完成的，先将砧木挖出，嫁接后再移栽至大田。如核桃的室内硬枝嫁接、子苗嫁接等。

一、室内硬枝嫁接

核桃室内硬枝嫁接多采用舌接法，砧木苗在土壤结冻前挖出备用，接穗在落叶前采集并贮藏在湿沙内。冬季在室内进行嫁接，嫁接前 10～15 天砧穗在 26～30℃ 条件下进行催醒 2～3 天，砧穗粗度应接近，削面要求平滑，长 3～4 厘米，砧穗要插接紧密，绑牢后放在温度 26～30℃，湿度 55％～60％ 的湿锯末中进行愈合，经 15～20 天愈合后再置于 5℃ 左右的环境中保存，待春季 4～5 月移栽到室外大田。室内愈合率可达 95％，移植成活率 80％ 以上。

二、子苗嫁接

核桃子苗嫁接由美国莫尔于 20 世纪 50 年代提出，1978～1982 年山东农学院与河南洛宁县林业局等单位引用试验成功。核桃子苗具有单宁少、伤流少、愈伤组织产生多的优点，嫁接容易成活。与其他嫁接方法相比，子苗嫁接是一种育苗周期短、繁殖速度快、成本低、更适于工厂化育苗的繁殖方法。

史俊燕等用核桃子苗嫁接技术，成活率达到 70.2％（图 5-42）。以云南铁核桃作砧木，10 月份播种，覆盖地膜和小拱棚，12 月份出苗，第二年 2 月上旬嫁接。嫁接时将子苗取出，断根，地上部分剪留 3～4 厘米。接穗随采随用，采后立即蜡封，接穗留 2～3 个芽，削成一长一短 2 个削面，长削面约 2 厘米，短削面约 0.5 厘米。砧木顺着子叶柄方向切开，将

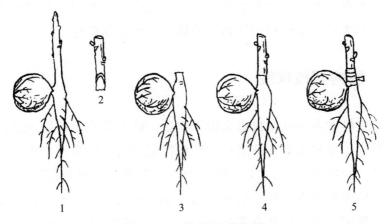

图 5-42　核桃子苗嫁接

1—砧木；2—接穗；3—剪断砧木；4—将接穗插入砧木；5—绑缚

削好的接穗插入，砧穗形成层对齐，用塑料薄膜绑紧。嫁接后直接移栽田间，覆盖地膜和小拱棚，移栽后 7～15 天芽开始萌动并基本愈合，50 天后愈合成活情况稳定。

三、双芽砧嫁接

据秦天天和郭素娟（2015）报道，在板栗嫁接时可以采用双芽砧嫁接，板栗种子低温层积后催芽 20 天，待胚轴长约 10 厘米、粗约 0.5 厘米备用作砧木。3 月初采集长 20 厘米、粗 0.5 厘米、叶芽饱满的 1 年生营养枝作为接穗，用湿润蛭石掩埋基部并包裹置于冷藏柜中贮藏。4 月初嫁接，嫁接时先将 2 个芽砧从基部紧靠固定一齐切断，断口下 1.5 厘米处内侧向上斜削成平滑断面，迅速将楔形接穗插入切口，使双砧的切口贴合接穗的两削面后立即封口。嫁接后立即栽入规格 10 厘米×10 厘米×20 厘米、装有苗圃土的营养钵内，定期浇水除草。

嫁接成活率可达到78.9％，大田移栽成活率可达96.67％。采用双芽砧嫁接法育苗可缩短育苗周期，降低成本。

四、发芽种子嫁接

张宇和（1984）曾介绍国外的一种利用发芽的种子作砧木进行枝接的方法，不但操作简单，且可缩短育苗周期，给扦插不易生根的栗、核桃、山核桃等具有大粒种子的果树提供了新的繁殖方法。接穗的削法按照劈接进行，削2个斜面，呈楔形；发芽的种子切去胚根部分，在平切口中央位置处竖切一刀，将刀刃插入坚果，然后将接穗插入竖切口（图5-43）。

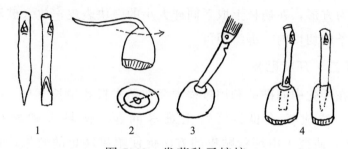

图5-43　发芽种子嫁接

1—接穗；2，3—砧木的切削；4—将接穗插入砧木

第五节　一些特殊的嫁接技术

嫁接技术在生产中的应用多种多样，嫁接方法也有所变化，一些嫁接方法，如贴皮接、桥接、高接、远缘嫁接等是在常规嫁接的基础之上发展起来的，但又与常规嫁接有所不同，

在这里加以简单介绍。

一、贴皮接

贴皮接是一类只将"接穗"的皮层嫁接在"砧木"上的方法，利用接穗皮层的特殊结构来达到一定的目的，接穗上不含"芽眼"。

（一）接皮

用于研究病菌、病毒的传播与危害时，可将带有病菌、病毒的病皮嫁接在健康植株上进行病原接种，然后观察发病症状，进行相关研究。嫁接时只需在健康植株上取下一块表皮，一般为方形，在病枝上取下同样大小的一块表皮，放入健康植株枝条的切口内，绑缚即可。

（二）环状贴皮

在矮化中间砧的利用过程中存在砧木根系生长不良、固地性差、适应性不良、繁殖困难等问题，傅耕夫和段良骅（1986）研究了用环状贴皮的方法促使苹果矮化的效果，在正常苗木（红星/沙果）距地面 20～30 厘米处环剥一圈，宽 1.5 厘米，在 M_9 矮化砧的枝段上，取下等同宽度的枝皮，嫁接在苗木剥口处，如果矮化砧的植皮不够一圈，可另取一块进行补接，然后用塑料带绑扎。嫁接成活后 10 年调查，处理树高度仅为对照树高度的 2/3，可达到半矮化的效果。

（三）倒贴皮

在果树生产过程中，环剥可促进成花，对果树早开花早结果有重要作用，但是有些果树环剥后环剥口不容易愈合，则可使用倒贴皮的方法（图 5-44）。选择树势健壮的未结果幼树，5

月下旬至 6 月上旬进行倒贴皮，在主干距地面 10～20 厘米处用刀环割 2 圈，间距 0.5～1 厘米，切断韧皮部，不伤木质部，切口应平滑整齐，用刀将 2 道环割口之间的韧皮部竖切一刀，小心取下一圈树皮，并将其上下颠倒贴回环剥口，然后用塑料膜将环剥部位上下捆扎好。

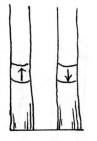

图 5-44　倒贴皮

（四）环剥口贴皮

在果树环剥时有些环剥口过宽或者遭受病虫危害而长期不愈合，会导致树体衰弱甚至死树，为促进环剥口愈合，可在环剥口贴皮嫁接。首先将环剥口处干死、腐烂的组织剔除干净，用刀在环剥口上下再剥去一圈树皮，露出新鲜的薄壁组织，在树冠中剪下一根枝条，最好是多年生的枝条，其皮层较厚，容易愈合。在枝条上剥下一条与环剥口宽度相同的皮层，贴在环剥口处，环剥的枝干过粗时，可以多取一些皮层，要使环剥口完全被新的皮层所覆盖。然后用塑料布将嫁接部位包扎起来，包扎时稍用力压实，使嫁接的新皮层与环剥口处的木质部贴实，并用细绳在外面捆扎几圈。10～15 天后检查愈合情况。

二、桥接

桥接是补救果树部分树皮死亡的一种嫁接方法，主要用于病树补救，特别是腐烂病病株的补救，利用桥接枝条的输导组织，使伤口上下相连，恢复物质和水分的运输、交流。桥接一般在春季树液流动文版、离皮后进行（图 5-45）。

1. 接穗的削法

取与所嫁接树同一品种的 1～2 年生枝条作为接穗，也可

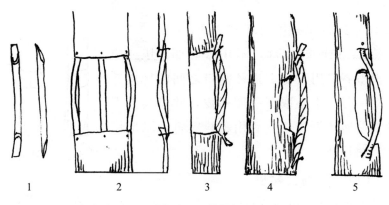

图 5-45　桥接

用其他品种，接穗长度要超过伤口 10 厘米左右，将接穗两端削成切腹接的形状，即一个长削面，一个短削面，长削面要在枝条的同一侧，短削面的长度约为长削面的 1/3～1/2。

2. 砧木的削法

嫁接时先将树干上的伤口削平，剔除腐烂物，使伤口呈顺树干方向两头尖的枣核形。先在需要嫁接伤口下端的树干上向斜下方与树干呈 20°～30°角处斜切一刀，再把削好的接条形态学下端插入切口，大削面向里，形成层对好后用塑料布扎紧。然后根据接条的长度，在树干上方的适宜位置向上方斜切一刀，将接条上端插入切口，依然是大削面向里，对好形成层后用塑料布绑紧。

桥接时可在接口处钉一枚 2～3 厘米长的钉子以固定接穗。伤口较宽时，要多接几根，一般间距 5 厘米左右桥接一根。桥接时接穗不能接反了，否则接穗成活后加粗困难，会影响生长。

对于发生韧皮部病害，韧皮部大面积缺失的枝干需先治疗病害，可利用贴近树干的根蘖苗桥接，只接上端即可，即单桥

　图说果树嫁接技术

接（图 5-46）。先在树体需桥接部位上（伤口以上）用嫁接刀切一倒丁字口，深达木质部，将皮撬开。再将接枝上端削一长马耳形大削面，长 3～4 厘米，再将背面削一刀，长 0.5～1 厘米，然后将接枝削面一端插入丁字口内。为使其牢固，可用 1 厘米长的小钉，用小锤轻轻钉在大削面上，深入树体木质部内，然后用油泥将接口全部封密。为使油泥保持长时间不失水不开裂，可取一小片大于伤口的塑料薄膜（地膜），用手掌按于油泥上，加力压迫油泥，使塑料薄膜紧贴油泥上。对于没有萌蘖但需要桥接的树，需要先移一棵小树栽在大树附近，待成活后再桥接。

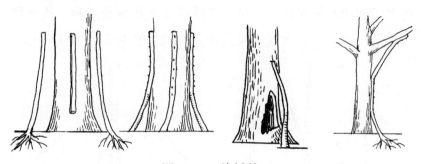

图 5-46　单桥接

三、高接

高接是利用原植株的树体骨架，在树冠的合适部位嫁接其他品种的嫁接方法，因其嫁接口比一般嫁接位置高而称其为"高接"。高接常用于更换品种、繁殖优良品种的接穗、补接授粉品种、弥补树冠残缺，杂交品系鉴定等。果树高接比低接抗寒力提高，一般可提高 1～3℃，从而可利用砧木的抗性，扩大一些抗寒力较弱的优良品种的适应范围。高接可以改变树体结构，高接树的根颈、主干甚至主枝基部是抗寒砧木，具有休眠度深、抗低温能力强的特点，在冬季不容易发生冻害。高接的方法以枝接为主，也有用芽接的。详见第六章第二节相关内容。

四、组合嫁接

1. 双重芽接

在采用中间砧育苗时，在基砧上同时嫁接 2 个芽，一个是中间砧的芽，一个是品种的芽，接芽萌发后再采用靠接的方法将中间砧和品种嫁接在一起，成活后从下部剪断品种，从上部剪掉中间砧，最后形成一棵带有中间砧的苗木（图 5-47）。

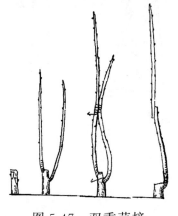

图 5-47 双重芽接

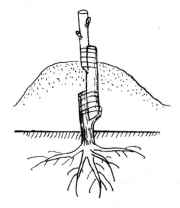

图 5-48 双重枝接

2. 双重枝接

在利用中间砧嫁接育苗时，也可以采用双重枝接的方法（图 5-48），在基砧上用枝接的方法嫁接中间砧，不等中间砧愈合，在中间砧上枝接品种，这样可以节约育苗时间，但需要的中间砧较多。

五、根接

　　根接法是以根段为砧木的嫁接繁殖方法。一般在休眠期进行，秋季将根挖出，选择粗度在 0.6 厘米以上，长度在 10 厘米以上的根段用于根接。接穗结合冬季修剪选择粗壮、芽体饱满、无病虫危害的一年生枝条。挖出的根和采下的接穗均需埋在湿沙中，以保持水分，防止抽干。嫁接时可采用倒接、劈接、腹接、袋接等方法（图 5-49），接好后埋在湿沙中或放在愈合箱中促进接口愈合。春季将嫁接好的苗栽植在大田，栽植时仅将顶部的芽露出地表，用脚踏实、灌水、覆膜。嫁接时切勿将根系的极性倒置，否则难以成活，若根段较接穗细时，可将 1～2 个根段倒腹接插入接穗下部。

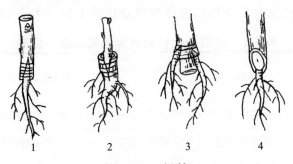

图 5-49　根接

1—倒接；2—劈接；3—腹接；4—袋接

六、远缘嫁接

（一）远缘嫁接的历史

　　远缘嫁接指种间、属间、科间等亲缘关系较远的植物之间的相互嫁接。果树上的远缘嫁接比较普遍，古代进行远缘嫁接的比较多，对嫁接方法都有详细的记述。其中最早的记载见于《齐民要术·插梨第三十七》："桑，梨大恶；枣、石榴上插得者，为上梨，虽治十，收得一、二也。"就是说用桑作砧木嫁接的梨树，其果实品质很不好。在枣和石榴上嫁接的梨树，其果实品质优，但嫁接成活率低，嫁接 10 株，只能成活 1～2 株。枣和葡萄嫁接的记载最早见于《格物粗谈》：葡萄"其藤穿过枣树，则实味更美"。《调燮类编》上说葡萄"若引其藤穿过枣树，二、三年后，皮黏树窍，斫去原根，托枣自生，实味更异"。《分门琐碎录》和《种艺必用》上写道："葡萄，欲其肉实，当栽于枣树之侧，于春间钻枣树，作一窍子，引葡萄枝入窍子，透出。至二、三年，葡萄枝既长大，塞满枣树窍子，便可斫去葡萄根，令托枣根以生，便得肉实如枣。北地皆如此种。"现代也有不少植物远缘嫁接成功的事例（表 5-1）。

表 5-1　中国现代科间植物远缘嫁接一览表

接穗/砧木	科间关系	研究者或介绍者（年代）	嫁接成活情况与表现
桃/柳	蔷薇科/杨柳科	徐萍等（1951）	嫁接树上所结桃子味道不好
桃/杨	蔷薇科/杨柳科	崔致学（1950）	果实个大美观，但味道不好
龙眼/柿	无患子科/柿科	阮镜波（1951）	果个大，核小，肉厚
鸭梨/香椿	蔷薇科/楝科	徐萍等（1951）	嫁接成活
葡萄/枣	葡萄科/鼠李科	张艳芳（1994）	嫁接后所结葡萄具有枣味
梨/桑	蔷薇科/桑科	石玉殿（1951）	梨果实的味道和皮色都很好
葡萄/君迁子	葡萄科/柿科	石玉殿（1951）	嫁接后所结的葡萄果实无核
柿/椿	柿科/楝科	石玉殿（1951）	所结果实个小，味道不好

（二）远缘嫁接的作用

1. 提高观赏价值

将不同的树种嫁接在一起，可造成奇特的景观效果，容易嫁接成活的桃、李、杏等核果类果树嫁接在一起，可增加观赏性。也可在同一个砧木上嫁接多个品种，待果实成熟时，形态各异，能够满足人们的猎奇心理，激发人们的观赏欲望。

2. 改进果实品质

砧木对果实品质有影响。《齐民要术》记载，在枣和石榴上嫁接的梨，果实品质优，桑上嫁接杨梅则不酸，柿上接桃则为金桃。现代研究表明，在山楂树上嫁接苹果可使'国光'苹果提前1个多月上色，使'新红星'苹果的色泽红似山楂，使'金冠'苹果提前1个月成熟，果质细密，多汁味甜、香气浓。用野生的杜梨、君迁子、酸枣分别嫁接梨、柿、枣，可获得较高的经济价值。

3. 提高产量

用木瓜砧木嫁接的苹果，其树体高大，适应性强，极丰产。用桃做砧木嫁接杏树，可显著提高杏树的坐果率，从而使产量大幅度增加。

4. 增强抗逆性和适应性

采用远缘嫁接可以借助砧木的特性，提高植物的抗病虫、抗旱、耐涝和耐盐碱能力。用山定子嫁接苹果，用杜梨嫁接梨，用山桃嫁接桃，用山杏嫁接杏，用野生山楂嫁接山楂，用酸枣嫁接枣，可提高其抗旱性；用海棠嫁接苹果，用榲桲嫁接梨，用毛桃嫁接桃，用欧洲酸樱桃嫁接樱桃，用枫杨嫁接核桃，可提高其抗涝性。

（三）远缘嫁接的方法

远缘嫁接常用的方法除常规嫁接法外，主要使用靠接法和种芽嫁接法，以提高远缘嫁接的成功率。

1. 靠接法

将用作接穗的植株种在砧木近旁，将接穗和砧木靠拢进行嫁接，接穗不从母体上剪截下来，待接穗和砧木完全愈合后再把砧木的上部和接穗的下部剪去，即形成一棵新的植株。一般较细的枝条靠接后需半年到 1 年时间即可愈合，较粗的枝条需 2 年左右的时间才会完全愈合。

2. 种芽嫁接法

所用接穗和砧木均为刚萌发不久的种子幼芽，嫁接成功的有棉花/蓖麻，棉花/凤仙花，棉花/向日葵，黄瓜/菜豆等。嫁接时先将砧木材料种下，待其成长到一定阶段（4～6 片真叶）后，对接穗材料进行催芽，待接穗芽长到 1～2 厘米时，在砧木上沿茎干向下用牙签凿一个小洞，将种芽放入其中，捆绑并用湿土覆盖结合部位。

第六节　嫁接方法的选择

嫁接的方法可谓多种多样，对于操作者来说，要熟练掌握几种基本的嫁接方法，进而能够根据不同情况灵活选择合适的嫁接方法，在生产实践中要根据果树种类、砧木类型、接穗类型、嫁接的时期等各种因素选择适宜的嫁接方法。

一、不同嫁接方法的成活率不同

不同嫁接方法的嫁接成活率不同，同一种嫁接方法在不同时间应用的嫁接成活率也不同，且不同嫁接方法嫁接成活后的生长情况也有差异。嫁接时要根据砧木、接穗、物候期、树种等因素选择合适的嫁接方法。春季枝接砧木不离皮时常用切接、劈接、单芽腹接等方法，砧木离皮后用插皮接、皮下腹接等方法；夏秋季节砧木离皮时主要是采用丁字形芽接和方块芽接，砧木不离皮时采用嵌芽接。

丁字形芽接的成活率较带木质部嵌芽接的成活率高，因为丁字形芽接的伤口愈合快，砧木与接穗间的形成层接触面积大，砧木木质部受伤轻；带木质部嵌芽接的伤口愈合速度较慢，砧木与接穗间的形成层接触面积小，砧木的木质部受伤较重。核桃丁字形芽接比方块芽接成活率低50％。

二、不同嫁接方法接穗的利用率不同

不同的嫁接方法接穗的利用率是不同的，芽接的接穗利用率较高，枝接的接穗利用率较低，而带木质部嵌芽接的砧木利用率与接穗利用率均较丁字形芽接高，这是因为带木质部嵌芽接的方法受砧木和接穗离皮、不离皮、粗细等因素的影响较小。在接穗多或接穗成本低，同时接穗与砧木离皮时建议使用丁字形芽接法；在接穗少或接穗成本高，砧木相对细小时，建议使用带木质部嵌芽接。丁字形芽接和带木质部嵌芽接方法各有优势，但在大面积生产育苗中，用带木质部嵌芽接法嫁接的苗木成本较低，经济效益较好。

对一条接穗来说，不同部位接芽成活率也有差异，嫁接成活率为中部芽显著高于其他部位芽，下部芽最低。田间嫁接时应尽可能采用接条中部的接芽，接条基部和梢部的接芽应弃之不用。

三、不同嫁接方法的速度不同

嫁接方法不同，操作繁琐程度也不相同，有些嫁接方法速度快，有些方法速度慢，通过练习可以提高嫁接速度。嫁接速度快、切口暴露在空气中的时间短则有利于提高嫁接成活率。一般来说芽接速度快，枝接速度慢；育苗时砧木细嫁接速度快，高接时砧木粗嫁接速度慢。通过多人配合可提高嫁接速度，如进行单芽腹接时，一人拿剪刀、接穗进行嫁接操作，另一人拿塑料条进行绑缚，比两人各自嫁接、各自绑缚操作要快得多。

四、不同嫁接方法接口的牢固程度不同

芽接的接口比枝接的接口牢固，高接时接口容易刮折。砧木粗度和接穗粗度相差较小时可采用劈接法或单芽腹接法，砧木比接穗粗很多时常用插皮接法，而劈接比插皮接的接口牢固。

第七节　果树嫁接后的管理

果树嫁接成活后管理的主要目的是促进接芽的萌发与生长，嫁接后的管理主要环节有检查成活和补接、剪砧、解除绑缚物、设立支柱、抹芽除萌、摘心，以及肥水管理、病虫害防治、培土防寒等。

一、检查成活和补接

一般芽接后 1～2 周可检查接芽是否成活，丁字形芽接的叶柄可以用来检查成活，用手轻触叶柄时叶柄脱落说明接芽成活，叶柄无法脱落则说明接芽没有成活。对于接芽上没有叶柄的嵌芽接等嫁接方法检查成活时需要观察芽片的形态，接芽保持新鲜的状态说明嫁接成活，如果接芽失水皱缩、甚至变黑则说明嫁接没有成活。嫁接未成活的要及时安排补接。

注意核桃嫁接存在芽片成活，但"芽眼"没有成活的现象，因为核桃芽接时芽片内的生长点剥取不当时可能会留在枝段上，出现"瞎眼"现象，即芽片成活，但无法萌发。因为核桃芽接时间较早，嫁接后当年接芽即会萌发，如果嫁接后 10～15 天接芽仍不萌发，则说明嫁接失败。

枝接后一般需 15 天左右接芽萌发，此时可根据接芽萌发情况统计成活率，对没有接活的及时进行补接。

大面积嫁接时一般进行抽样检查成活率，可根据嫁接量的多少，随机抽取 50～200 株检查，计算成活率，一般大田育苗时要求成活率在 95% 以上，个别难以嫁接的树种可降低要求，如果成活率太低，则需要安排补接。

二、剪砧

芽接后一般在第二年春季进行剪砧。春季 4 月初天气回暖后，在嫁接口以上 0.5～1 厘米处剪除砧木，以集中养分供给接芽生长，促进接芽萌发。也有的采用二次剪砧法，第一次在接芽上方留一活桩，长 15～20 厘米，用作绑缚新梢的支柱，待新梢木质化后再全部剪除，注意二次剪砧会影响接芽的生长，效果不如一次剪砧好，二次剪砧时可在接芽上方 0.5 厘米处刻芽，促进接芽萌发与生长（图 5-50）。剪砧时注意剪口比剪口芽稍高一点，且稍微倾斜，不能过斜或过平，剪口距离剪口芽不能过高或过低（图 5-51）。

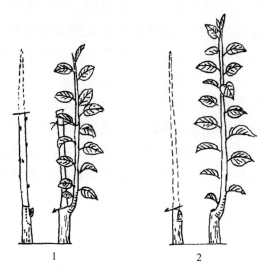

图 5-50 剪砧

1—二次剪砧；2——一次剪砧

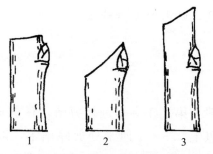

图 5-51 剪砧时剪口标准

1—合格；2，3—不合格

核桃 5～6 月进行方块芽接，在嫁接的同时将嫁接口以上的砧梢保留 1～2 片复叶剪去，抑制砧木的生长，有利接芽成活，嫁接后 7～10 天在接芽上方 1.5～2 厘米处剪砧，促进接芽萌芽生长。7 月中旬后嫁接的不剪砧，当年只培养成带有一个品种接芽的半成品苗，到第二年春天才剪砧，接芽萌发长成嫁接苗。

三、解除绑缚物

嫁接时用于绑缚的塑料条延伸能力有限，解除绑缚不及时会影响苗木的生长，生产中一些苗圃在育苗时不解除绑缚，到成苗时仍有绑缚物残留在苗上，有的栽植者不注意去除，给生产带来了极大的隐患，等苗木长至很粗时容易被风刮断。一般是在剪砧的同时解除绑缚物，芽接后的绑缚物可在第二年春季萌芽前解除，以利砧木和接穗的生长，枝接是在接穗长到 30 厘米左右时解除绑缚物。

核桃方块芽接后要注意检查接穗的叶柄，有腐烂的需要将薄膜挑破放风，防止整个接芽腐烂。嫁接成活后接穗生长迅速，可在新梢长到 3 厘米以上时及时解除绑缚物，解绑过早的接口愈合不牢，接穗易被风吹掉或因田间操作而碰掉；解绑过迟塑料条会抑制绑缚部位的增粗，形成缢痕，将来苗木也易被风刮折。

解除绑缚物的方法一般是用单面刀片、裁纸刀或者芽接刀在接口的背面将塑料条竖割一刀，然后用手将塑料条解开即可。

四、设立支柱

嫁接育苗的一般不需要设立支柱，在风大的地区可在苗圃内顺行间隔 5 米左右竖 1 根竹竿，竹竿之间用绳拉起来，对苗木形成一定的支撑，防止被风刮倒，保证苗木生长顺直。

高接换优时接芽萌发后枝叶生长迅速，而接口的机械支撑能力还较弱，很容易被风吹折或被人畜碰折。等新梢长至 30 厘米左右时，可在旁边插一根竹竿或木棍，用细绳将新梢和竹竿绑在一起，起到固定作用，以后随着接穗枝条的生长，每隔 30 厘米左右绑 1 道。绑缚时要留有新梢生长的空隙，防止勒伤苗木。支棍插入地下要深入牢固，或绑缚固定在枝条合适的部位。设立支柱时可结合整形的需要，调整枝条的角度和方位。

五、抹芽除萌

剪砧后温度适宜时接芽开始萌发，同时砧木上的芽也会萌发，砧木上长出来的枝条（萌蘖）是不必要的，也会消耗大量的营养，因此需要及时抹除，以集中养分供应接芽生长。尤其是高接换优的果树，萌蘖生长旺盛，如不及时抹除会消耗大量养分，影响接穗成活和生长。因此对砧木上的萌蘖应及时抹除，前期 5～7 天 1 次，以后间隔时间可酌情延长，一般当接芽新梢长到 30 厘米以上时，砧芽才很少再萌发。

六、摘心

苗圃一般肥水充足，枝条容易贪青徒长，一般在 9 月中旬对没有停长的新梢进行摘心。摘心后可促进新梢木质化，有增强嫁接苗越冬能力和防止抽条的作用。在高接换优时可在新梢达到整形要求的长度时摘心，摘心可控制新梢加长生长，促进下部发生副梢，有利于快速整形。

七、肥水管理

春季剪砧后浇一次水，新梢长到 10 厘米以上时开始加强肥水管理，促进生长。追肥、浇水同步进行，前期每次每亩追施尿素 10 千克，中、后期 20 千克（或磷酸二氢钾 10 千克），浇水后 2～3 天中耕除草，可将土壤追肥和叶面喷肥相结合，交叉进行，半个月一次，每次喷 0.5％尿素＋0.3％磷酸二氢钾，总浓度不超过 1％。立秋以后控制浇水和施氮肥，叶面喷施磷钾肥（0.3％磷酸二氢钾）促进枝条充实。

八、培土防寒

冬季严寒干旱地区，为防止接芽受冻或抽条，在封冻前应培土防寒，培土以超过接芽 6～10 厘米为宜。第二年春季土壤解冻后撤除培土。大树高接的难以培土，可以用缠裹报纸、塑料布、无纺布等方式保护，减少接芽新梢越冬抽条伤害。

第六章

果树嫁接的生产应用

嫁接在果树生产中的主要用途是繁育各类苗木，其次是高接换优等，掌握基本的嫁接方法，灵活运用于果树生产实践，充分发挥嫁接的作用，能够取得很好的经济效益。

第一节　果树育苗

育苗是果树嫁接最主要的应用方式，在育苗时可利用各种嫁接方法提高苗木质量，提高嫁接效率，如在春季采用枝接，夏季采用芽接。

一、砧木培育

苹果、梨、桃、杏等果树春季播种砧木，夏秋季嫁接，第二年春季剪砧，接穗生长，秋季成苗。有些砧木播种第一年生长量小，不容易达到嫁接所需要的粗度，可以培养 2 年后再嫁接。对于杜梨等砧木，要进行断根处理，以控制主根生长，促进多产生侧根。核桃芽接时，砧木苗培育一般是第一年春季播种，第二年春季平茬，新梢长出后到 5 月底至 6 月中旬进行嫁接，要求砧木嫁接部位直径达到 1.5～2.5 厘米。如果是在二年生的部位进行嫁接，则成活率大大降低。所以有人形象地称核桃嫁接苗为"三拐苗"，第一拐为砧木二年生部位，第二拐为当年长出的新梢部位，第三拐才是嫁接的品种。

在嫁接操作之前，要对砧木进行适当的处理，以使砧木达到适宜嫁接的状态，这些准备工作包括浇水、平茬等。嫁接前一般要浇透水使砧木含水量较高，维持旺盛的生长活动状态。有的嫁接方法需要韧皮部和木质部"离皮"，就需要选择在砧木旺盛生长的季节进行。砧木苗的日常管理，还包括施肥、浇水、病虫害防治、除草等。

二、嫁接一次育苗

实生砧木嫁接育苗时，不管是芽接还是枝接均可，一般只嫁接一次，是生产中最常使用的育苗方法（图 6-1），芽接时先嫁接，成活后在接芽上方剪断砧木，也有的操作是先剪断砧木再嫁接，接芽萌发后及时抹除萌蘖，秋季即长成一株嫁接苗。有时为了促进接芽的生长，接芽成活后不剪砧，而是将砧木自嫁接部位压倒，使生长优势集中于接芽处，接芽萌发后弯倒的砧木将营养供接芽生长（图 6-2），待接芽长大后再剪去砧木部分。春季枝接时先剪断砧木，然后在剪口处嫁接。

图 6-1　嫁接一次育苗

图 6-2　砧木弯倒育苗

三、嫁接中间砧育苗

果树育苗一般只需进行一次嫁接，但在利用中间砧时需嫁接两次。春季播种基砧，8 月份用芽接法嫁接中间砧，第二年春季剪砧，培养中间砧苗，7～8 月在中间砧上用芽接法嫁接品种，第三年春季在品种接芽以上剪去中间砧，秋季落叶后或第四年春季可以出圃。中间砧的长度一般不小于 20 厘米。

嫁接中间砧育苗时先培育基砧，在基砧上嫁接中间砧，再在中间砧上嫁接品种，这样育苗周期长，需要 3 年才能出圃，为了提高育苗效率，提早出苗，常常采用分段嫁接法（图 6-3）和二重枝接法。分段嫁接法是在 8 月份，用芽接的方法，在中间砧的新梢上每隔 30～35 厘米嫁接 1 个品种的接芽，第二年春季将嫁接有品种的中间砧分段剪下，使每个中间砧段顶部带有 1 个品种接芽，再用枝接的方法将中间砧嫁接在基砧上，2 年即可育成成品苗。

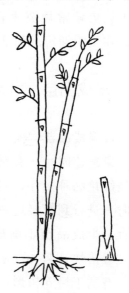

图 6-3　分段嫁接法

二重枝接法是春季在基砧上嫁接中间砧，中间砧段留 20～25 厘米，再嫁接品种，二次嫁接同时完成，秋季嫁接苗即可出圃，可加快育苗速度。

砧木与品种有嫁接不亲和现象时，先在砧木上嫁接与二者均亲和的"第三者"，再在"第三者"上端嫁接所需的品种。这种嫁接方式与中间砧的嫁接方式相同。

四、"三当"苗的培育

传统的嫁接育苗一般需要 2 年才可出圃，鉴于普通育苗周期长、育苗效率低的特点，山东、浙江等地尝试进行"三当"苗的培育，即当年播种、当年嫁接、当年出圃，在苹果、桃、板栗等果树上都获得了成功，将育苗时间缩短为1年，土地利用率提高1倍，且省工、节省育苗成本。需要注意"三当苗"的生长势较常规苗生长势弱，且需要在无霜期较长的地方应用，在无霜期短的河北、山西等地不能采用此方法培育苗木。

五、半成品苗、大苗及容器苗的培育

1. 半成品苗

果树建园时，有时要利用半成品苗，所谓的半成品苗是指已经嫁接品种接芽，但是接芽还没有萌发的苗木。培育半成品苗时只进行到嫁接这一步，一般只需1年即可完成半成品苗的培育。半成品苗不剪砧，在栽植时才剪砧。利用半成品苗建园，缓苗快，且由于扩大了苗木的营养面积，栽植后生长迅速，有利于培养树形，早果丰产。在栽植密度较大的果园建议采用半成品苗建园。

2. 大苗

相对于半成品苗，有些时候会用到大苗建园，常规育苗起苗时间隔30～50厘米留一株苗不起，继续在圃内培养，使其长成大苗，在圃内完成基本整形。用大苗建园，果园整齐，成形快，结果早。但大苗育苗时间较长，成本较高，包装运输较困难。桃等容易萌发副梢的种类、品种可在圃内整形，养成大苗。

3. 容器苗

容器苗与裸根苗相比，克服了传统裸根苗质量低、缓苗时间长、苗木损耗大等缺点，具有根系发达完善、苗木质量高、移栽时根系不受损伤、不缓苗、育苗周期短、移栽成活率高等优点。果树容器育苗要选用大号的营养钵，一般直径16厘米，高度18厘米，底部留2个直径约5毫米的排水孔。装填基质时不要将营养钵填满，上口留3厘米左右，方便以后浇水和管理。容器育苗要配制基质，增加基质中的有机质，肥力要高，有利于苗木生长，一般配方为园土∶草炭土∶有机肥＝5∶3∶2，泥炭是最佳的基础性基质，但生产成本较高，可以用针、阔叶树的树皮碎屑等代替，也可以在基质中加入珍珠岩、蛭石等，为防止土传病害，基质要消毒，添加生物菌肥。现在，筛选适合生产应用的轻型容器育苗基质是工厂化育苗的重点。

六、寄砧嫁接繁殖自根苗

培育自根苗时有的种类扦插不容易生根，但生产中还需要这种自根苗，可以采用寄砧嫁接繁殖的方式培育自根苗（图6-4）。将已经嫁接好的带有品种接穗砧木条嫁接在寄砧上，将砧木部分埋入土中，成活后，接芽萌发成苗，而埋在土中的砧木部分也会生根。出圃时剪去寄砧，即可获得一株自根苗。

七、苗木出圃

苗木出圃是育苗的最后一环，也是重要的一个环节，要根据需要制定好出圃计划，按品种和栽植需要及出售情况分批出圃，避免在出圃、贮存、运输等过程中造成品种混杂。冬季寒冷的地区在落叶后上冻前将苗木出圃，冬季没有抽条现象的地区，可在第二年春天解冻之后、芽萌动前出圃，随挖随栽，栽植成活率高、缓苗快，操作方便。

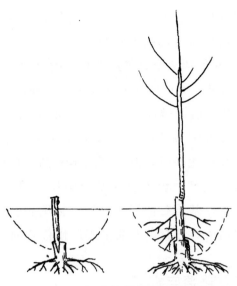

图 6-4 寄砧嫁接繁殖自根苗

1. 起苗

初冬苗木落叶后、土壤上冻前要将苗木起出，栽植、外运或集中贮存。起苗时要尽量保护根系，苗木出圃前一周要灌一次透水，增加土壤湿度，减少因土壤干燥起苗时损伤根系，若遇雨可少浇或不浇。起苗时一般用铁锹挖出即可，注意少伤根系。也有用机械起苗的，速度快，功效高，但要注意起苗深度要达到 25 厘米以上，防止过多地切断根系。苗木起出后先进行适当的修剪，主要是剪除劈裂、折伤的根系，尽量多保留细小根。起苗时要备好消毒剂和泥浆，边起苗边消毒蘸泥浆，减少根系在空气中暴露的时间，以保护根系。泥浆要黏稠，蘸后根系上要粘有较厚的一层泥浆，太稀的泥浆效果不好。

2. 分级

不同种类的果树嫁接苗有不同的标准（表 6-1～表 6-5），一般销售的苗木要求嫁接苗接口愈合良好，充分木质化，没有病虫害及机械损伤。剔除没有嫁接成活的实生苗，合格的苗木按 20～50 株打成一捆，悬挂标签，尽早假植、运输或栽植。等外苗可归圃再培育一年，第二年出圃。

表 6-1　苹果嫁接苗标准

（GB 9847—2003）

项目		1 级	2 级	3 级
基本要求		品种和砧木类型纯正，无检疫对象和严重病虫害，无冻害和明显的机械损伤，侧根分布均匀舒展、须根多，接合部和砧桩剪口愈合良好，根和茎无干缩皱皮		
$D\geqslant0.3$ 厘米、$L\geqslant20$ 厘米的侧根[①]/条		≥5	≥4	≥3
$D\geqslant0.2$ 厘米、$L\geqslant20$ 厘米的侧根[②]/条		≥10		
根砧长度/厘米	乔化砧苹果苗	≤5		
	矮化中间砧苹果苗	≤5		
	矮化自根砧苹果苗	15～20,但同一批苹果苗变幅不得超过 5		
中间砧长度/厘米		20～30,但同一批苹果苗变幅不得超过 5		
苗木高度/厘米		>120	100～120	80～100
苗木粗度/厘米	乔化砧苹果苗	≥1.2	≥1.0	≥0.8
	矮化中间砧苹果苗	≥1.2	≥1.0	≥0.8
	矮化自根砧苹果苗	≥1.0	≥0.8	≥0.6
倾斜度/°		≤15		
整形带内饱满芽数/个		≥10	≥8	≥6

① 包括乔化砧苹果苗和矮化中间砧苹果苗。

② 指矮化自根砧苹果苗。

注：D 指粗度；L 指长度。

表 6-2　梨嫁接苗标准

（NY 475—2002）

项目		1 级	2 级	3 级
品种与砧木		纯度≥95%		
根	主根长度/厘米	≥25.0		
	主根粗度/厘米	≥1.2	≥1.0	≥0.8
	侧根长度/厘米	≥15.0		
	侧根粗度/厘米	≥0.4	≥0.3	≥0.2
	侧根数量/条	≥5	≥4	≥3
	侧根分布	均匀、舒展而不卷曲		
基砧段长度/厘米		≤8.0		
中间砧段长度/厘米		20.0～30.0		
苗木高度/厘米		≥120	≥100	≥80
苗木粗度/厘米		≥1.2	≥1.0	≥0.8
倾斜度/°		≤15		
根皮与茎皮		无干缩皱皮、无新损伤；旧损伤总面积≤1.0厘米^2		
饱满芽数/个		≥8	≥6	≥6
接口愈合程度		愈合良好		
砧桩处理与愈合程度		砧桩剪除，剪口环状愈合或完全愈合		

表 6-3　葡萄嫁接苗标准

（NY 469—2001）

项目		1 级	2 级	3 级
品种与砧木纯度		≥98%		
根系	侧根数量/条	≥5	≥4	≥4
	侧根粗度/厘米	≥0.4	≥0.3	≥0.2
	侧根长度/厘米	≥20		
	侧根分布	均匀，舒展		

　图说果树嫁接技术

项目			1级	2级	3级
枝干	成熟度		充分成熟		
	枝干高度/厘米		≥30		
	接口高度/厘米		10～15		
	粗度	硬枝嫁接/厘米	≥0.8	≥0.6	≥0.5
		绿枝嫁接/厘米	≥0.6	≥0.5	≥0.4
	嫁接愈合程度		愈合良好		
根皮与枝皮			无新损伤		
接穗品种芽眼数			≥5	≥5	≥3
砧木萌蘖			完全清除		
病虫危害情况			无检疫对象		

表 6-4 核桃嫁接苗标准
（LY/T 1329—1999）

项目	1级	2级
苗高/厘米	＞60	30～60
基茎/厘米	＞1.6	1.0～1.2
主根保留长度/厘米	＞20	15～20
侧根条数	＞15	

表 6-5 冬枣嫁接苗标准
（GB/T 18740—2008）

项目	1级	2级	3级
苗高/厘米	≥120	80～120	60～80
基茎粗/厘米	≥1.0	≥0.8	≥0.6

项目		1 级	2 级	3 级
根系	侧根数量/条	≥5	≥4	≥3
	平均长/厘米	≥15	≥12	≥10
成熟度		根颈至苗高 2/3 处为灰白或褐红色		

3. 假植

起苗后不能立即栽植或外运的苗木要贮存时就得假植。短期假植是起出后不能及时外运，或购进的苗木即将进行栽植时进行的临时贮存，一般不超过 10 天，选阴凉的地方开约 30 厘米深的沟，用湿土将苗木的根系埋起来，同时洒水保湿，也可加盖遮阳网以减少苗木蒸腾失水。长期假植是指苗木越冬的假植，时间长，苗木失水多，假植要求较高。

秋季起苗后不立即定植的需要长期假植，时间长达 4～5 个月，直至春季土壤解冻后能够栽植。选择地势较高，背阴，风小，交通方便的地方挖东西向的假植沟。从地块的南面挖起，先挖一条宽约 50 厘米，深 50～80 厘米，长 3～5 米的沟，挖出的土堆在假植沟的南侧，形成一条土垄，将捆扎好的苗木倾斜与地平面呈 30°～45°角，依次排入沟中，紧贴第一条沟开挖第二条沟，用挖第二条沟的土来填埋第一行苗木，注意要将苗木的根系间隙填严，不留空隙，苗木埋土 2/3 以上并露出枝梢，土壤黏重时可掺沙，最好是用纯沙，便于调节湿度和操作，也能更好地填充根系的空隙。第二条沟挖好后摆放苗木，用挖第三条沟的土来填埋第二行的苗木，依此类推，直至所有苗木假植完。同时在假植场地周围挖排水沟，防止积水。整个苗木假植完后，要喷一次水，增加土壤湿度，防止苗木抽干，类似于浇冻水。冬季寒冷时可用废旧草帘覆盖。春季气温上升后及时检查，防止苗木霉烂，尽快栽植。假植的土要保持松软，尽量不要践踏，以利通气。气候严寒地区，苗木枝梢全部埋入土中，露出时易干梢。

为了更好地贮存苗木，有条件的地方可用果窖或气调库来贮存苗木，窖内温度低，可推迟发芽，延长春季苗木栽植时间。少量的苗木也可放在菜窖内，用湿沙培住根部即可。

4. 苗木检疫与消毒

苗木检疫是防止病虫害扩散的有效措施。目前国内植物检疫的法规是《植物检疫条例》，该条例包括主管和执行机构、检疫范围、调运检疫、产地检疫、国外引种检疫审批、检疫放行与疫情处理、检疫收费、法律责任等方面。条例规定"凡种子、苗木和其他繁殖材料，不论是否列入应施检疫的植物、植物产品名单和运往何地，在调运前都必须经过检疫。"经检疫未发现植物检疫对象的，发给"植物检疫证书"，可以调运。县级以上农业主管部门、林业主管部门所属的植物检疫机构，负责执行国家的植物检疫任务。

起苗的同时要对苗木进行消毒。用石硫合剂消毒，既可灭菌又能消灭介壳虫等枝干害虫，效果较好。方法是将根系浸在5波美度石硫合剂中10～20分钟，取出后用清水冲洗干净，再蘸泥浆保护根系。对起苗时没有消毒的苗木，也可在栽植前消毒。

5. 包装与运输

根据果树嫁接苗标准要求，嫁接苗要按等级分开打捆包装，一般以20～50株为一捆进行包扎，系好标签，标明品种、等级、出圃日期等信息。捆扎要有3道，分别在根部、梢部和苗木中部，捆扎紧实，防止苗木在搬运过程中脱出。

苗木运输一般在早春气温较低时进行，现在高速公路发达，可白天装车，晚上运输，避免太阳曝晒。苗木运输时要做好保湿工作，防止苗木失水。短距离运输可裸根运输，装车后用篷布遮盖严实即可，或者是用厢式货车运输，减少路途中的水分损失。长距离运输时要用湿麻袋片、草帘、锯末等包裹根系，外包装用塑料布，以利保湿。运输时须进行遮盖，途中还要适当喷水加湿，防止发热和失水。通过邮局、快递寄送的苗木需进行保湿邮寄，在根部包裹湿锯末或湿苔藓，或湿报纸，再包塑料膜。所有外运苗木都必须在县级以上林业部门办理检疫手续，防止检疫性病虫害通过苗木扩散。

苗木运送到目的地后要立即打开包装，核对品种、数量并进行喷水、假植，尽快栽植。

第二节　高接换优

品种混杂或果实品质较差的低产园可采用高接换优的方式改造，可避免重茬再植障碍，快速恢复产量，缩短更新年限。生产中应选择丰产、适应性强、商品性好的品种作为换优品种。高接换优尽可能在早春进行，有利于新枝生长和树冠形成。

一、高接换优的对象

生产园中已经定植的品质较差、结果不好的实生幼树，品质差的初果期到盛果初期的劣质品种树都可以进行高接换优。高接换优后嫁接的枝条生长量大，配合夏季修剪，树冠恢复很快，能够很快结果，很快丰产。现有的果园缺乏授粉品种时也可以通过高接的方式配置授粉品种。树龄不同采取的高接换优方法不同，枝条粗度不同采用嫁接方法也不同。有的是用实生苗建园，待实生苗生长多年，长到一定粗度时再统一嫁接优良品种，这种树体的主干部分也是砧木，往往抗性较强，对主干容易受冻的树种有好处。

二、高接部位

高接换优的嫁接部位依高接换优母树的大小而定，一是主枝部位，二是主干部位，也可是侧枝部位。幼树无分枝，只能在主干部位嫁接，剪截高度依主干高低而定，一般低于计划主干高度 30 厘米为宜，因嫁接的品种长到 30 厘米左右时有较好的芽，可培养第一层主枝。如主干上有位置合适的分枝（主枝或辅养枝）可剪留 20 厘米嫁接，培养成主枝，中心枝留 30～40 厘米嫁接，同时就能培育出基部主枝和中心枝。较大成年大树还可在侧枝或枝组处嫁接，这时嫁接部位多，费工也多，但树冠恢复快，早丰产。嫁接部位的枝条粗细要适中，以直径不超过 5 厘米为宜，较粗的枝条伤口面积大，嫁接后不容易愈合。当嫁接口直径在 3 厘米以上时，一个接口可接 2～3 个接穗，以利愈合。

剪除原有树冠时要注意以下几点：一是去上留下，减少创面，应尽量剪去上部或远端树枝，保留下部和近主干部的树枝做接砧，并要避免在主干和砧橛上造成创口，同时防止砧橛揭皮和开裂。二是注意留橛方位，做到因树留橛，因环境条件而留橛，同时要便于操作，主枝方位不理想的可用侧枝或强壮的辅枝代替留砧，总之要做到压低高度，收缩树冠。三是留橛数量及长度视原有树形和树龄大小而定，一般情况应保留下部主枝，较高大的树冠，宜留自下而上第一、二层主枝和经过回缩的中心干部分。树龄 5 年以内，留砧橛 3～5 个；树龄 10 年上下，留砧橛 10 个左右；蔓生果树每主蔓留 1～2 个砧橛。原有树冠大则应多留砧橛，原有树冠小则应少留砧橛。

还有一种方法是先对需要嫁接的老树进行更新修剪，待长出更新枝后在更新枝上嫁接新品种，这样嫁接口比较牢固。再一种办法是枝干太粗大不好嫁接的，可锯去粗大的枝干，留下较细的分枝来嫁接。

三、高接换优的方法

生产中高接换优常用于核桃、板栗等果树，因这些果树许多是 20 世纪 70～80 年代实生繁殖的，品种杂乱、品质差、产量低。对这些低产树进行高接换优是快速恢复生产、提高产量和品质的最佳方案。高接换优可采用枝接和芽接两种方法，枝接包括劈接、插皮舌接、插皮接等，芽接主要是方块芽接，在芽接前要对大树进行回缩净干处理。

1. 净干芽接

用芽接的方法高接时要配合重回缩截干，在冬末或早春发芽前，将要高接的树选留的主枝在距中心干 25～30 厘米处锯断，待隐芽萌发长至 3～5 厘米时在计划嫁接的部位选留位置合适的新梢 1～2 个，其余的抹除，5 月底 6 月初在新梢长至 30～50 厘米，直径 0.7 厘米以上时用方块芽接的方法嫁接，这种方法称为"净干芽接"（图 6-5）。

2. 刻皮嵌枝接

（1）锯砧　主干距地面 60～80 厘米处锯断，再将锯口以

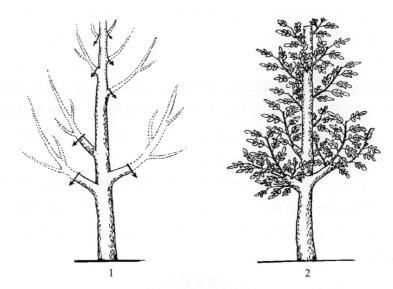

图 6-5 净干芽接

1—重回缩截干；2—隐芽萌发状

下 8～10 厘米范围内已经老化的木栓层削平滑，削除的厚度以
露出新鲜的韧皮部为宜，既有利于嫁接膜包紧包严，又可将藏
匿于树皮缝中的虫卵清除。

（2）削接穗　先在接穗第一芽的反向基部以下 3.5～4 厘
米处用嫁接刀削马耳形斜面，削面要平直；然后在两侧再各削
1 刀，侧面 2 个削面的长度与第 1 个削面的长度等长、稍带木
质部，并与第 1 个削面的夹角呈 90°；紧接着在第 1 个削面的
反向基部 0.5 厘米处向下斜削 1 刀，与第 1 个削面呈 30°～45°
的角、使基部呈楔形，便于接穗插入砧木。

（3）刻皮　在锯好的砧木上，选择皮层光滑的位置用嫁接
刀按接穗削面的长度和宽度沿锯口向下平行纵切 2 刀，深达木
质部，2 个刀口之间的宽度与削好的接穗宽度相等，长度可比
接穗第 1 个削面长 0.5～1.0 厘米，挑去皮层，形成一条沟槽。

（4）嵌枝和绑缚　将接穗的第 1 个削面紧贴砧木木质部，沿刻皮处由上往下轻轻插入，并让接穗的 2 个侧面与砧木刻皮处两边镶嵌紧实，露白 0.2～0.3 厘米，注意接穗和砧木的形成层要对齐。若接穗比砧木切口宽时，接穗插入时会将砧木刻皮处的皮层组织向外撑开，不利于绑缚嫁接膜，待接穗插好后，还需用嫁接刀从撑开的皮层基部向上斜削，将撑开的树皮切除，再用嫁接膜包紧、包严即可。

对于砧木较粗、锯口较大的老树，可先用比锯口截面稍大的普通塑料薄膜或营养袋（俗称"盖头布"）覆盖于砧木锯口之上，再用嫁接膜将"盖头布"及砧木与接穗的连接部包紧、包严。

3. 蹲靠嫁接

图 6-6　蹲靠嫁接

树龄在 15 年左右的果园改造时不要急于弃园更新，可充分利用原有果树进行嫁接改造，可有效避免再植病的发生。嫁接时在距地面 20 厘米处锯断主干，用皮下接的方法接 1 根长 80～100 厘米的长接穗、1～2 根长 30～40 厘米的短接穗（也可利用萌蘖枝），然后将短接穗靠接在长接穗上，接口及砧木断面用塑料布包扎严，然后用细土将嫁接部位覆盖 15～25 厘米，接穗上部套长塑料袋保护（图 6-6）。袁景军等试验表明，用此嫁接方法改造苹果园，干径增粗快，树冠恢复能力强，新梢生长量大，总枝量增长迅速，接后第 2 年可少量开花结果，第 3 年正常结果，第 4 年进入丰产期，比新建园提早 1 年结果，比重茬地定植提早 2 年结果，5 年累计平均产量 14663.1 千克/公顷，是新建园的 2.175 倍，是重茬地定植的 4.638 倍。

4. 二次断砧皮下腹接

高接换优前根据树龄、树形等条件将需要高接的枝干锯断，留 1～2 级分枝，锯断的部位要在计划嫁接部位以上 30～40 厘米。待砧木离皮后嫁接，选取长 5 厘米左右的接穗，在第一芽的对侧削一个与接穗近等长的削面，然后在第一芽的下方削一个长 0.5 厘米小斜面。砧木在锯口以下 30～40 厘米平滑处开 "T" 形口，将接穗完全放入砧木切口中，用塑料布绑扎。接芽萌发后长至 30 厘米时，用绳将新梢松松地绑在留下的木桩上，防止新梢被风刮断，到第二年春季萌芽前新梢已经木质化，支撑能力增强，不容易刮断，此时在嫁接口以上将木桩锯断，涂抹愈合剂即可。此接法比普通高接结合牢固，方便固定新梢，防风刮折。

5. 新枝高接

树龄较大的果树在粗大的枝干上嫁接时不容易操作，嫁接成活率受到影响，可利用果树容易产生萌蘖的特性，在高接前将大树在合适的部位回缩，这时树干上会产生许多萌蘖，选择 3～5 个位置、生长合适的萌蘖留下培养，其余的抹除。在这些新生的萌蘖枝上高接，由于新枝生长旺盛，嫁接容易成活，且嫁接后容易调整培养树形。

6. 绿枝接硬枝

葡萄高接换优时还有一种方法是 "绿枝接硬枝"，即以当年生新梢为砧木，一年生硬枝为接穗进行嫁接。冬季修剪时选留合适的葡萄优良品种作为接穗，冷藏至第二年春季葡萄开花时，嫁接前用清水浸泡 1 天，砧木为当年生半木质化的新梢。嫁接时常用劈接法，接穗削面长 2 厘米左右，砧木新梢留 1～2 节剪断，沿剪口中间劈开，插入接穗，用塑料布包扎，嫁接后保持土壤水分充足，成活率可达95％以上。篱架葡萄高接时嫁接部位不低于30厘米，不高于130厘米，便于日后管理。

7. 倒干高接

大树高接时，将树冠回缩至主枝部分，主干距地面20～50厘米锯开但并不锯断，使其倒向一边，在锯口位置嫁接新的品种，用土堆将嫁接部位掩埋保湿，利用原有树干给接穗供应营养，待接穗长大后再将原有树干锯掉（图6-7）。

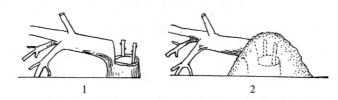

图 6-7　倒干高接

1—高接；2—埋土堆

四、高接换优注意事项

高接换优要一次完成，可以尽快恢复树冠，2～3年即可有较高的产量。如果对一棵树的高接采取分期分批的方法进行，虽然有一定的产量，但对改接成活的枝条生长不利，由于原来的枝条生长势强，养分竞争力强，树体养分很难向嫁接部位运输，导致接穗生长量小。因此对一个果园来说可以分批进行高接，一部分树先高接，待其树冠恢复后再接其他的树，分几次完成全园的高接。对一株树来说必须一次完成，使接穗处于优先生长的地位，这样才能保证新品种的正常生长和结果，尽快获得较高的产量和经济效益。

再一项重要工作就是趁此机会调整树体结构，培养丰产树形，嫁接后要加强管理，不能任其自然生长。

核桃等容易产生伤流，伤流液的存在会影响嫁接成活，因此在核桃高接时要提前进行"放水"，方法有断根法、留"抽水枝"法、造伤法等。断根法是刨开砧木一侧的泥土，露出主根，将主根锯断，然后回填，踩实。留"抽水枝"法是高接时保留树冠上部原来的一些枝条，即"抽水枝"。造伤法是在高接部位以下锯除 2～3 个骨干枝，或者在基部用刀砍伤 2～3 处放水。

高接时嫁接接穗的数量视砧木粗细而定，一般干径 8～12 厘米的砧木，可接 2 个接穗；干径 13～19 厘米的砧木，可接 3～4 个接穗；干径 20～30 厘米的砧木，可接 5～6 个接穗。对于砧木干径超过 30 厘米的，由于锯口较大，伤口难愈合，最好先在距地面 30～40 厘米高的地方将砧木锯断，待伐桩萌发新梢后，再选留 3～4 个角度和方向适宜、生长健壮的萌条嫁接为宜。

五、高接后的管理

高接换优时去掉了大部分的砧木树冠，砧木根系相对强大，嫁接成活后营养供应充足，接穗生长很快，要特别注意嫁接后的管理。

1. 抹除萌蘖

高接换优时由于去掉了大部分的砧木树冠，而砧木根系并没有相应减少，因此地上、地下部的平衡被打破，会促进隐芽和不定芽的大量发生，萌生出许多无用的萌蘖和根蘖。因此要及时去除萌蘖，减少树体营养的无效消耗，集中营养供应接穗的生长，一般集中去除 3～5 次，平时随发现随去除。如有嫁接未成活处，或有较大空间需要弥补的，也可适当留一些萌蘖补接。

2. 检查成活与补接

嫁接一周后检查接芽，接芽新鲜饱满的说明嫁接成活，接芽变黑的没有成活，要及时进行补接。嫁接时注意保护好芽的生长点，如果没有了生长点就不能抽生枝条，我们见过芽片成活而无法萌芽的情况。高接时要多留一些接穗用作补接。嫁接后 10～20 天接穗开始萌芽，此时若发现部分接穗没有萌芽，也要进行补接。

3. 支护

高接后接穗生长旺盛，枝条长得粗大，而嫁接部位还不牢固，容易被风吹折。为了防止风害，当接穗长到 30 厘米左右时，要用竹竿、木棍等进行支护固定，防止被风刮断。支护时结合整形修剪，将枝条引向合适的位置，方向、角度都要调整好。

支棍一般用架豆角、西红柿用的细竹竿即可，长度在 1 米左右。捆扎时先在主干上捆一道固定，再在嫁接口以下位置捆一道，这两道绳把支棍牢固地捆在树上，然后在接芽枝上捆扎，以后隔 30 厘米再捆扎一道。新枝与支棍不在一条线上时要小心扭转，勿使劈裂。可用左手护住新枝基部，右手扭动枝条基部使其软化后再绑缚到支棍上。注意新枝上要捆成活扣，防止新枝增粗后缢伤或勒断。

4. 解除绑缚

嫁接 30～40 天后要根据接口愈合情况解除嫁接绑缚物。嫁接成活后，接穗生长较快，增粗也快，要防止绑缚物将接口勒细，形成缢痕，妨碍接穗的正常生长，降低其牢固性。可用芽接刀从嫁接口背面轻轻把绑缚物割开、取下。

5. 摘心

按照树形培养要求，一般在接穗长到50～60厘米（小冠树形），或者80～100厘米（大冠树形）时摘心促进分枝，尽快培养骨干枝或结果枝组，可尽快恢复树冠，9月中旬对没有停长的新梢全部摘心，促进枝条充实，以利过冬。枣树嫁接后枣头长至4个二次枝时摘心，可以当年开花结果。

6. 调整树形

嫁接成活后要根据树体情况及时进行整形修剪，维持合理的树体结构，争取早结果、多结果。

第三节　直播酸枣营建枣园

直播酸枣营建枣园是利用播种机按预定行距播种酸枣仁，不进行移栽，直接嫁接红枣品种的一种建园模式，在新疆的南疆地区大面积推广应用，具有建园成本低、成园时间短、园貌整齐和经济效益显著的特点。

一、整地覆膜

建园时要选择地势平坦、排灌条件好、气候条件适宜的地块，深翻30厘米左右，入冬前灌水保墒。春季施入有机肥、化肥，耙耱平整，用覆膜铺带一体机铺设地膜和滴灌带。

二、播种育砧

播种时选择饱满、无破损和不霉烂的酸枣仁，播种前2～3

天将酸枣仁在 55℃温水中浸泡 4～5 小时，或用冷水浸泡 24～48 小时，捞出沥干。用种子量 0.1% 的 40% 辛硫磷乳油拌种待播。

4 月下旬至 5 月上旬播种，播种前 7～10 天滴灌水 1 次。采用宽窄行播种，用手推式辣椒或玉米播种机播种，株距 0.5 米，窄行距 1 米，宽行距 2 米，每穴播种 3～5 粒，亩播种量为 0.35～0.5 千克，播种深度为 1.5～2 厘米，播完后覆土 2 厘米以防种子风干。

幼苗长至 3～4 片真叶时间苗，去小苗留大苗，去弱苗留壮苗，每穴保留 2 株。长至 5～8 片真叶时定苗，每穴保留 1 株，每亩定苗 890 株。7 月下旬苗高达到 30～40 厘米时摘心。

三、坐地嫁接

第二年春天发芽前 15～20 天嫁接，嫁接前 1 周酸枣砧木要灌足水，然后将砧木平茬至地面以上 5 厘米左右。采用改良劈接法嫁接，与传统劈接的主要区别是嫁接时削接穗和劈砧木都用修枝剪。要求修枝剪要开刃好、锋利且刀口不变形、不开叉。

主要操作要点如下。首先采用四剪法削接穗。第一剪：左手持接穗芽端，在距芽点 5 厘米处将剪口平面与接穗上端成 30°～45°夹角向下剪一斜面。第二剪：用剪口窄边卡在第 1 个切面，再以刀边贴住接穗削成 3～4 厘米长的斜面。第三剪：以剪刀窄边卡在第 2 个削面前端边缘 2～3 厘米处，使剪口平面与芽点侧面稍成角度，然后刀刃贴紧接穗，在剪口窄边上的支力和右手向前的削力共同作用下，削成第 3 个斜面。第四剪：修整楔体前端边缘不齐处。其次是采用二剪法剪砧木。第一剪：选根颈处的平直部位，用剪刀斜朝下 30°～45°角剪成一斜断面。第二剪：在断面高的一侧，沿与砧木垂直方向呈 20°～30°角向下斜切至 3 厘米左右。第三是插接穗，将接穗长斜面朝里，芽面一侧与砧木剪口光滑的一侧靠紧，对齐形成层，插至接穗略露白即可。最后是绑带，采用弹性好、长 10～15 厘米、宽 3 厘米的黑色或无色塑料薄膜绑条将接口包严绑紧。用黑色薄膜绑带绑缚嫁接口，可提高嫁接口微域环境温度，同时可以遮光，有利于产生愈伤组织，提高成活率。

四、接后管理

为保证接穗萌芽和正常生长，应及时除去砧木萌芽，一般砧木萌芽后 1 周进行 1 次，连续抹芽 3 次。嫁接后常有只萌发枣吊不长枣头的现象，应及时进行枣吊掐尖，抑制枣吊生长，促进枣头萌发生长。为防止苗木风折和倒伏，当苗高长至 40 厘米左右（6 月中旬）时用竹竿或木棍绑缚；为促进苗木的增粗和健壮生长，当苗高达 80 厘米左右（7 月中旬，约 8～10 个二次枝）时留 6～8 个二次枝摘心短截。

嫁接当年亩产干枣 150 千克，达到 1 年播种酸枣，2 年嫁接大枣收回成本，3 年亩收益上千元的效果。

第四节　野生砧木嫁接建立果园

我国野生果树砧木资源丰富，野生砧木在一个地方长期生长，具有很强的适应性，在集中分布的地区选择合适的山坡、地块嫁接相应的栽培品种，就地营建果园，可快速成园。可以开发利用的野生砧木资源有野生板栗、酸枣、山杏、山桃、山定子、海棠、杜梨等，野生板栗可嫁接板栗、酸枣可嫁接枣、山杏可嫁接杏、山桃可嫁接桃或扁桃、山定子和海棠可嫁接苹果、杜梨可嫁接梨等。

一、优选地块

建园前首先要对野生砧木资源的分布情况和蕴藏量进行调查，选择交通便利、野生资源丰富、种群密度高的地方合理嫁接利用，一般选择向阳坡、土层深厚地方，对不方便管理的地方不进行嫁接。

二、砍灌清园

野生砧木一般会与其他野生果树或乔灌木混合生长，在嫁接前挖除杂生的树木，规划小区，开辟道路，方便日后的管理，注意修建梯田或树盘，防止水土流失。

三、疏密间伐

野生砧木种群密度大，不能都嫁接，且嫁接成活后，果树生长所需要的营养较多，需要留足够的营养面积。坡地要等高成行，平地南北成行，一般株距保持2～3米，行距要达到4～5米或更宽，选择健壮、无病虫害的砧木嫁接成品种，其余的及时清除。

四、选择优良品种

嫁接时要选择适合当地发展的树种和品种，注意授粉品种的配置。

五、嫁接技术

根据砧木粗细选择合适的嫁接方法，以劈接、皮下接、插皮舌接应用较多。

六、嫁接后的管理

野生砧木嫁接优良栽培品种后，要加强管理，参考果园生产的方式来进行管理，包括土壤管理、整形修剪、病虫害防治等，生产中只进行嫁接而疏于管理的现象较为突出。

1. 土壤管理

每年秋季深翻树盘，施入有机肥，改善土壤结构，增厚活土层。生长季节中耕除草，山坡地修筑鱼鳞坑、水簸箕等蓄水设施，拦蓄雨水，地面可覆盖麦秸、杂草等，同时要挖除萌蘗，以集中根系营养供应嫁接果树生长。

2. 整形修剪

依据不同的果树种类，选择合适的树形，苹果、梨等以疏散分层形、自然圆头形为主，桃选择开心形；冬季疏除交叉枝、重叠枝、过密枝、细弱枝、病虫枝等，夏季摘心控制营养生长，促进开花结果。

3. 病虫害防治

建好的果园按照不同果树病虫害发生特点，依照"预防为主，综合防治"的植保方针进行病虫害防治。

参考文献

[1] 曹建华，林位夫，陈俊明.砧木与接穗嫁接亲合力研究综述.热带农业科学，2008，25（4）：64-69.

[2] 常运涛，文仁德.广西柿砧木使用中存在问题及解决途径.广西园艺，1999，（4）：24-25.

[3] 陈海江.果树苗木繁育.北京：金盾出版社，2015.

[4] 陈奇凌.直播枣园优质高产栽培技术.北京：金盾出版社，2015.

[5] 成密红，成鸿飞.果树微型嫁接技术研究进展.陕西林业科技，2005，（2）：49-51，63.

[6] 邓丰产，马锋旺.苹果矮化自根砧嫁接苗繁育技术研究.园艺学报，2012，39（7）：1353-1358.

[7] 傅耕夫，段良骅.矮化技术及其效应的研究.山西农业大学学报，1986，6（1）：1-4.

[8] 高新一.果树嫁接新技术.2版.北京：金盾出版社，2015.

[9] 郭磊，韩键，宋长年，等.葡萄砧木研究概况.江苏林业科技，2011，38（3）：48-54.

[10] 何应琴，陈文龙，周常勇，等.果树病毒病传毒媒介及防控技术研究进展.天津农业科学，2012，18（6）：95-99.

[11] 姜秀美.PJJ-50型葡萄嫁接机的设计.农业装备与车辆工程，2011，（11）：7-9.

[12] 姜中武，束怀瑞，陈学森，等.苹果不同品种高位嫁接'红露'对果实品质的影响.园艺学报，2009，36（1）：1-6.

[13] 李博，田晓莉.植物嫁接与体内的长距离信号转导.植物生理学通讯，2009，45（8）：811-820.

[14] 李沧，吴克勤，王映泉，等.甘肃河西走廊地区红枣直播建园技术.山西果树，2015，（4）：36-38.

[15] 李根善，韩常金.马哈利砧木引进试验初报.青海农林科技，2016，（1）：94-95.

[16] 李林光.美国扁桃主要栽培品种及砧木.落叶果树，2000，（3）：59-60.

[17] 李芝茹，吴晓峰，李全罡，等.嫁接技术在林业中的应用及油茶嫁接机的发展.森林工程，2014，30（1）：14-17.

[18] 刘德成.不同嫁接时期和方法对速成桃苗生长的影响.安徽农业科学，2007，35（30）：9527，9602.

[19] 刘用生，李保印，赵兰枝.植物远缘嫁接应注意的几个问题.生物学通报，2002，37（8）：37-39.

[20] 刘用生，宋建伟，姚连芳.嫁接技术在植物改良中的作用.生物学通报，1998，33（2）：5-8.

[21] 刘用生.中国古今植物远缘嫁接的理论和实践意义.自然科学史研究，2001，20（4）：352-361.

[22] 罗正荣.嫁接及其在植物繁殖和改良中的作用.植物生理学通讯，1996，32（1）：59-63.

[23] 牛自勉，李全，邰晓梦，等.SDC系苹果矮化砧木生长、结果及抗逆性的研究.果树科学，1994，11（3）：141-144.

[24] 欧春青，姜淑苓，王斐，等.不同中间砧木对早酥梨的矮化效应研究.中国果树，2015，（5）：39-42.

[25] 胖灵波.低产老板栗园刻皮嵌枝嫁接改造技术.中国果树，2015，（4）：71-73.

[26] 裴东，奚声珂，董凤祥.核桃砧穗生理状态对微枝嫁接成活的影响.林业科学研究，1998，11（2）：119-123.

[27] 秦天天，郭素娟.砧木类型及菌根化对板栗嫁接苗生长及光合特性的影响.中南林业科技大学学报，2015，35（3）：64-68.

[28] 曲云峰，赵忠，张小鹏.大扁杏嫁接愈合过程中几种生化物质含量的变化.西北农林科技大学学报（自然科学版），2008，36（5）：73-78.

[29] 渠慎春，乔玉山，彭明炜，等.转基因八棱海棠与苹果品种亲和性的微嫁接早期鉴定.果树学报，2005，22（2）：97-100.

[30] 沙守峰，张绍铃，李俊才.梨矮化砧木的选育及其应用研究进展.北方园艺，2009，（8）：140-143.

[31] 邵开基，李登科，张忠仁.SH系列苹果矮化砧木育种研究.华北农学报，1988，3（2）：86-93.

[32] 史俊燕，樊金拴，任秋芳.核桃子苗嫁接技术研究.西北林学院学报，

2004, 19 (1): 66-69.

[33] 宋哲，王宏，刘志，等.平邑甜茶砧木高位嫁接苹果新品种直接建园探讨.
江苏农业科学，2015，43 (3): 151-155.

[34] 孙升.不抗寒李资源的高位嫁接保存法.北方果树，1997，(1): 19.

[35] 王国平，籍艺文.伊朗核桃历史与现状.山西果树，2015，(5): 55，60.

[36] 王国平.美国核桃历史与现状.山西果树，2015，(3): 48-50.

[37] 王国强，张鹏飞，杨青珍，等.酸枣资源的开发及管理技术.山西果树，
2002，(3): 24-25.

[38] 王敏，徐永星，邵慰忠，等.薄壳山核桃大砧木嫁接技术.江苏林业科技，
2010，37 (2): 44-46.

[39] 王祥坤.嫁接板栗胴枯病病害调查与防治研究.安徽农业科学，2011，39
(1): 211-213.

[40] 王幼群.植物嫁接系统及其在植物生命科学研究中的应用.科学通报，
2011，56 (30): 2478-2485.

[41] 王中英.北方果树实用手册.太原：山西科学技术出版社，1997.

[42] 魏洪培.果树嫁接技术应用.青海农林科技，2014，(2): 91-94.

[43] 吴国良.核桃无公害高效生产技术.北京：中国林业出版社，2010.

[44] 习学良，范志远，邹伟烈，等.东京山核桃砧对美国山核桃嫁接成活率及
树体生长结果的影响.西北林学院学报，2006，21 (2): 76-79.

[45] 杨华，李广旭，张广仁，等.苹果砧木和野生资源对苹果轮纹病菌的抗性
鉴定.中国果树，2015，(1): 62-64.

[46] 杨金华.滇刺枣嫁接中国红枣及栽培技术.中国果菜，2008，(1): 28-29.

[47] 袁景军，赵政阳，张林森，等.黄土高原地区老龄苹果园地面蹲靠嫁接技
术研究.西北农林科技大学学报（自然科学版），2007，35 (10): 55-60.

[48] 张鹏飞，高美英，纪薇，等.叶片和果实吸水力对枣裂果的影响研究.核农
学报，2014，28 (12): 2269-2274.

[49] 张鹏飞，刘亚令，牛铁荃，等.果园工具的改进与推广.北方果树，2011，
(5): 41-42.

[50] 张鹏飞，刘亚令，杨凯，等.苹果缓势栽培主要措施.山西果树，2014，
(6): 10-11.

[51] 张鹏飞，尉东峰，刘亚令，等.枣与酸枣的 SSR 遗传多样性研究.华北农学

报，2015，30（2）：150-155.

[52] 张鹏飞，赵彦华，李六林.山西梨树节水灌溉方式选择及发展建议.山西果树，2015，（3）：12-13.

[53] 张鹏飞，赵志远，宋宇琴，等.核桃果实内总酚含量的分析研究.山西农业大学学报（自然科学版），2013，33（4）：324-327，341.

[54] 张鹏飞.提高枣产量和品质的技术措施.落叶果树，2015，47（4）：45-47.

[55] 张鹏飞.图说核桃周年修剪与管理.北京：化学工业出版社，2015.

[56] 张鹏飞.图说苹果周年修剪技术.北京：化学工业出版社，2015.

[57] 张鹏飞.枣树整形修剪与优质丰产栽培.北京：化学工业出版社，2013.

[58] 张宇和.果树繁殖.上海：上海科学技术出版社，1984.

[59] 张玉星.果树栽培学.4版.北京：中国农业出版社，2011.

[60] 赵刚.吐鲁番地区葡萄绿枝嫁接关键技术及嫁接后管理要点.现代园艺，2014，（9）：38-39.

[61] 赵智勇，职明星，刘用生，等.植物嫁接杂交研究新进展.生物学通报，2013，48（3）：4-6.

[62] 周艳，周洪英，朱立，等.植物微嫁接研究进展.贵州科学，2013，32（2）：84-88.

[63] 周肇基.中国嫁接技艺的起源和演进.自然科学史研究，1994，13（3）：264-272.

[64] 朱高浦，李芳东，杜红岩，等.植物嫁接技术机理研究进展.热带作物学报，2012，35（5）：962-967.

[65] 朱红祥.阿克苏早实核桃夏季嫁接方法.山西果树，2015，（4）：41-42.